中欧结构基础抗震设计标准对比分析

夏　飞　张春华　刘　星　编著

人民交通出版社股份有限公司

北　京

内 容 提 要

本书对欧洲结构基础抗震设计标准与中国结构基础抗震设计的有关标准从标准条款、设计要求、设计理论、设计方法等方面进行了全方位的对比分析和算例验证。主要内容包括:地震作用、场地特性、工程选址要求及地基土要求、基础系统、土与结构的相互作用、挡土结构等。

本书可供结构基础抗震设计的研究人员、标准编制人员、工程设计施工人员及高等院校相关专业的教师和学生参考。

图书在版编目(CIP)数据

中欧结构基础抗震设计标准对比分析 / 夏飞,张春华,刘星编著. — 北京 :人民交通出版社股份有限公司,2019.12

ISBN 978-7-114-16148-3

Ⅰ. ①中… Ⅱ. ①夏… ②张… ③刘… Ⅲ. ①建筑结构—防震设计—设计标准—对比研究—中国、欧洲 Ⅳ. ①TU352.104

中国版本图书馆 CIP 数据核字(2019)第 301007 号

Zhong-Ou Jiegou Jichu Kangzhen Sheji Biaozhun Duibi Fenxi

书　　名:中欧结构基础抗震设计标准对比分析
著 作 者:夏　飞　张春华　刘　星
责任编辑:李学会　卢俊丽
责任校对:赵媛媛
责任印制:刘高彤
出版发行:人民交通出版社股份有限公司
地　　址:(100011)北京市朝阳区安定门外外馆斜街 3 号
网　　址:http://www.ccpress.com.cn
销售电话:(010)59757973
总 经 销:人民交通出版社股份有限公司发行部
经　　销:各地新华书店
印　　刷:三河市国新印装有限公司
开　　本:880 × 1230　1/16
印　　张:3.75
字　　数:128 千
版　　次:2019 年 12 月　第 1 版
印　　次:2019 年 12 月　第 1 次印刷
书　　号:ISBN 978-7-114-16148-3
定　　价:70.00 元

前　言

Foreword

2018 年 6 月，由人民交通出版社股份有限公司主持的国家出版基金项目“欧洲规范翻译与比较研究出版工程（一期）”正式启动。该项目以欧洲结构设计标准为研究对象，包括 Eurocode 0 ~ 9、英国国家附件、法国国家附件、配套设计指南和对比研究。项目旨在便于国内相关科研院所及标准制修订者更广泛的研究借鉴，助力中国工程技术标准和设计咨询业“走出去”。

本书涉及结构基础抗震设计中的典型问题，并解释了 EN 1998-5 和国内结构基础抗震设计标准的差异，可为理解和使用 EN 1998-5 提供帮助与指导。

本书虽然力图成为一份独立的文件，但为了让读者更为准确地理解欧洲结构设计标准的原意，很多情况下复述了其相应的条款，同时引用国内桥梁抗震设计多个标准中的相关条款，因此读者应结合相关标准阅读本书。

全书共分 7 章，主要内容包括概述、地震作用、场地特性、工程选址要求及地基土要求、基础系统、土与结构的相互作用、挡土结构等。为加强对欧洲结构设计标准的理解，保持内容的一致性，本书的第 1 ~ 7 章分别对应于 EN 1998-5 第 1 ~ 7 章的相关专题，第 8 章对本书进行了总结并提出了展望。本书除个别章节有所变动外，基本沿用了 EN 1998-5 章节的结构顺序。

本书在写作过程中，重点对中欧标准的条文规定异同点进行了分析，并给出了一些算例，分别采用中欧标准进行了计算，并对中欧标准在计算方法的差异性进行了研究分析，希望为读者使用欧洲结构设计标准提供帮助，但限于作者水平，对中欧标准的研究和理解不透彻，肯定会有一些不准确和不完善之处，敬请读者不吝指教。

本书在对比中涉及的中国标准主要包括：

《建筑抗震设计规范》（GB 50011——2010）

《公路桥梁抗震设计细则》（JTG/T B02-01—2008）

《公路工程抗震设计规范》（JTJ 004—1989）

《公路工程抗震规范》（JTG B02—2013）

特别说明，本书涉及的中国标准在第一次出现时使用全称（包括标准名称和标准号），后续出现时仅使用标准号。

中交第二公路勘察设计研究院有限公司

夏　飞　张春华　刘　星

2019 年 10 月

目　录

Contents

第1章

概述

在工程领域,欧洲结构设计标准(以下简称“欧洲标准”)是具有影响力和权威性的国际性标准之一。1975 年,欧洲共同体委员会(Commission of the European Community,CEC)开始编制一套关于结构设计技术规范的欧洲标准,以逐步取代各成员国的标准,解决欧洲各国在土木工程设计方面互不一致而导致的各成员国在工程界形成的人为障碍,促进技术共同进步与欧洲工程市场的发展。1989 年,CEC 将欧洲标准编制工作交给欧洲标准化委员会(European Committee for Standardization,法文缩写 CEN)负责。经过 30 多年的发展,欧洲标准由试行版本发展为正式标准。目前,欧洲标准包括 10 部分内容,其中,Eurocode 8(以下简称“EN 1998”)是关于结构抗震的标准。EN 1998 包括 6 部分内容,其中第 5 部分是关于基础、支挡结构和岩土工程的标准,现行版本是 2004 版。

各国抗震设计标准中各类规定的有效性不断接受各种形式的检验,并经过不断修订、充实和优化,从而得到逐步提高。其中,结构经历强震后的震害程度是最有效的检验方式。但中国除少部分地区外,有抗震设防要求的大部分地区在结构设计使用期内接受强震检验的机会很少。在这种情况下,与经历强震检验次数相对较多、理论及经验较为成熟的国家和地区的抗震设计标准进行比较,不失为一种对中国标准抗震设防效果的间接评价方法。

中国是一个幅员辽阔的国家,地震区分布广泛,地质条件差异大,并且各地区经济水平发展不平衡,抗震标准的制定需要考虑这些因素。欧洲标准既考虑了统一的必要性,又考虑了欧盟各国地震区的差异性,这方面很值得中国借鉴。

基于以上两方面的原因,希望通过对 EN 1998-5 和《建筑抗震设计规范》(GB 50011—2010)、《公路桥梁抗震设计细则》(JTG/T B02-01—2008)和《公路工程抗震规范》(JTG B02—2013)在地震作用、场地特性、工程选址要求和地基土要求、基础系统、土与结构的相互作用和挡土结构等方面的比较分析,给中国从事建筑、土木工程行业的设计和研究人员提供一些参考和借鉴。

1.1 中欧抗震标准的发展

1.1.1 中国场地、地基与基础抗震设计发展历程

中国建筑抗震设计标准发展大体经历了四个阶段。如果以不同版本标准的发布时间划分,第一阶段以《工业与民用建筑抗震设计规范》(TJ 11—78)为代表,第二阶段是《建筑抗震设计规范》(GB J11—1989),第三阶段是《建筑抗震设计规范》(GB 50011—2001),第四阶段是《建

筑抗震设计规范(附条文说明)》(GB 50011—2010)为代表。四个版本的抗震标准既具有延续性,又不断丰富创新,反映了中国工程抗震科学技术和工程实践的发展与进步。

中国桥梁抗震设计标准中有代表性的是《公路工程抗震规范》(JTG B02—2013)和《公路桥梁抗震设计细则》(JTG /T B02-01—2008)。JTG B02—2013 是在《公路工程抗震设计规范》(JTJ 004—1989)和 JTG/T B02-01—2008 的基础上修订而来的,JTG B02—2013 指出:JTG/T B02-01—2008 与 JTG B02—2013 有矛盾的内容,以 JTG B02—2013 规定的内容为准。

1.1.2 欧洲基础、支挡结构和岩土工程抗震设计的发展

1.1.2.1 EN 1998

EN 1998 是在地震发生地区为土木工程及结构工程提供的抗震设计标准,以确保在地震发生时能保证人的生命安全,并将地震带来的灾害降到最低限度。根据不同建筑的特殊性,EN 1998 主要包括一般规定、桥梁鉴定与加固等六个方面的内容。2004 年 10 月,CEN 出版了针对新建结构抗震设计的欧洲抗震设计标准 EN 1998-1:2004。2005 年 6 月颁布了 EN 1998-3:2005,主要是针对现有建筑的抗震评估与加固。其他各部分在 2004—2006 年间都相继面世,表 1-1列出了各部分的中英文名称。

欧洲抗震设计标准 EN 1998 的构成 表 1-1

标准编号	英文名称	中文名称
EN 1998-1: 2004	General rules, seismic actions and rules for buildings	一般规定、地震作用和房屋建筑规定
EN 1998-2: 2005	Bridges	桥梁
EN 1998-3: 2005	Assessment and retrofitting of buildings	房屋建筑的评估与改造
EN 1998-4: 2006	Silos, tanks and pipelines	筒仓、储罐和管道
EN 1998-5: 2004	Foundations, retaining structures and geotechnical aspects	基础、支挡结构和岩土工程
EN 1998-6: 2005	Towers, masts and chimneys	塔、桅杆和烟囱

EN 1998-1:2004 代替了原有试行的结构抗震设计标准 ENV 1998-1-1:1994、ENV 1998-1-2:1994 和 ENV 1998-1-3:1995,主要内容包括:①地震区内建筑和土木工程的基本性能要求及遵守的准则;②地震作用和与其他作用相结合的规则;③有关设计和基础隔震结构的基本要求;④特殊建筑的一般设计规则,包含混凝土、钢、钢筋混凝土、木材、砌体等特殊建筑材料。

EN 1998-2:2005 为桥梁抗震设计标准,包含了桥梁抗震设计的特殊性能要求、遵守的准则和有关应用要求。但是该标准不包括吊桥、木桥、石桥、浮桥等的相关规定。标准正文和附录的主要内容有:①基本要求和设计原则;②地震作用;③桥梁抗震设计分析;④强度验算;⑤细部构造;⑥桥梁隔震和保护。

由于很多老建筑在建造初期并没有考虑抗震,而地震危险性评估表明,地震造成的危害将导致大量工程需要进行维修和加固,因此 CEN 在 ENV 1998-1-4:1996 的基础上专门颁布了针对现有房屋建筑的抗震评估与改造设计标准 EN 1998-3:2005,其主要内容为:①现有单体建筑的地震评估准则;②必要的经济调整措施的选择方法;③未损伤结构强度的加固准则及震损建筑的修复。

EN 1998-4:2006 替代了 ENV 1998-4:1997,给出了地面结构设施、地下管道系统和不同类型与用途的储油罐、水塔以及特定目的或粒状物料的封闭筒仓的抗震设计方面的应用规则。EN 1998-4:2006 也可以作为既有建筑抗震性能评估和鉴定与加固的技术依据。

EN 1998-5:2004 为岩土抗震设计标准,是 ENV 1998-5:1994 的修订版,规定了岩土抗震设计的要求、标准和规则,涵盖了不同的基础系统的设计、挡土结构设计以及地震作用下土与结构

的相互作用问题。

EN 1998-6:2005 为 ENV 1998-3:1996 的修订版，主要针对高且细长的结构物，包括塔（如钟塔、通风塔、电视塔等）、桅杆、工业烟囱及灯塔的抗震设计要求、标准和规则。第 5、6 部分分别阐述了钢筋混凝土烟囱和钢烟囱的规定，第 7、8 部分分别对应于钢塔和桅杆的抗震设计。需要说明的是，该标准的规定不适用于冷却塔和海上结构。

1.1.2.2 EN 1998-5 设计指南涉及范围

EN 1998-5 设计指南强调了三方面内容：①地震对土、基础和天然或人工边坡的作用；②地震时土的力学特性，如强度、刚度和循环荷载作用下的阻尼特性；③用于稳定性和承载力验算、土与基础和土与支挡结构相互作用的分析，包括对地震产生的变形进行评估的恰当模型。

基础尺寸和结构设计的各方面内容均在该设计指南第 4 章和第 5 章论述，特别是大多数关于基础设计的规定都包含于 EN 1998-5 第 5.2、5.3.1、5.4.1.2、5.4.1.3 和 5.4.2 条中。

1.1.2.3 EN 1998-5 与 EN 1997-1 之间的关系

根据 EN 1998-5 第 1.1(1)P 条"对 EN 1997 未规定的抗震作用进行了补充"，EN 1997-1 第 1.1.1(7)条指出，"EN 1997 不涉及抗震，岩土工程及技术的抗震由 EN 1998 在 EN 1997 基本内容的基础上提供额外的抗震设计准则"。为更深入地理解这两份文件之间的相互关系与互补作用，本书将重申 EN 1997-1 中的几个概念与定义。当按照 EN 1998-5"准静态"进行简化稳定性验算时，很有必要熟悉 EN 1997-1。

1）通用与特殊定义

"场地"与"地基"：EN 1998-5 中的术语"场地"是按 EN 1997-1 第 1.5.2.3 条的定义使用的。由于"土、岩石和填土先于建筑工程施工"，为建立地震对工程施工场地岩土特性作用的独立性，EN 1998-5 引入场地类型的概念。

"浅"基础与"扩展"基础：关于这一概念，两个标准各自有独立的定义。在 EN 1998-5 中，"浅"基础包括独立基础与扩展基础，而在 EN 1997-1 中，"浅"基础同样被称为扩展基础，包括垫式基础（独立基础）、条形基础和筏形基础。

2）岩土工程分类

在 EN 1997-1［参见第 2.1(10) ~2.1(19)条］中，非强制性使用岩土工程分类，其目的在于建立岩土工程设计要求。EN 1998-5 中没有使用这种分类，但是，强调 EN 1997-1 中第 3 类岩土工程适用于高烈度地震区，并且应含有对这类工程的替换规定和规则。这一解释说明，在高烈度区，岩土工程结构设计需用到 EN 1997-1 中没有提到的方法进行特殊处理。

3）岩土参数的特征值与设计值

EN 1998-5 中并没有给出岩土参数的特征值的确定方法，因此，对岩土工程进行抗震设计时，相关岩土工程参数的特征值应按 EN 1997-1 的规定来确定，但 EN 1997-1 中对岩土工程参数的特征值的确定方法本身就存在争议。

4）设计方法

在 EN 1997-1 第 2.4.7.3.4 条中引入了岩土工程问题的三种备选设计方法，以符号 DA-1、DA-2 和 DA-3 表示，并允许每个国家自行选择。每种设计方法引入分项系数，一方面应用于作用或作用效应，另一方面应用于单个抗力或总体抗力。特别是对于场地土特性，式（D10.1）适用。更值得注意的是，DA-1 中规定，需使用不同的系数组合进行双重验算。

因此，当没有结构力出现时，DA-3 与 DA-1 C-2 情形相同，如在边坡稳定性分析中将出现这种情形。

在 EN 1998-5 中，结构作用，如由基础传递到地基的惯性力，按照 EN 1998-5 第 3.2.4 条和 EN 1990 第 4.2.4 条的规定进行组合。尽管在 EN 1998-5 中没有明确提出，但推荐检验基础承载力和挡墙的稳定性，准静态法假设地层强度参数设计值与 DA-1 C-2 和 DA-3（在没有出现结构作用时）一致。因此，DA-1 C-2 和 DA-3 是与 EN 1998-5 最兼容的方法，其他方法，如DA-1 C-1也可能被设计人员使用，这主要取决于各国家的选择。如果在检验边坡或挡墙稳定性时，采用DA-1 C-1方法，地层强度参数的特征值将不受分项系数的影响，但地层重度应乘以对应的分项系数（γ_G）。

1.2 适用范围

1.2.1 EN 1998-5

EN 1998 为欧洲标准中的抗震设计部分。其中 EN 1998-5 为基础、支挡结构和岩土工程的抗震设计标准，表 1-2 列出了 EN 1998-5 的章节安排及其主要内容，其中附录 B、E 为规范性附录，附录 A、C、D、F 为资料性附录。

欧洲岩土工程抗震设计标准 EN 1998-5 的内容 表 1-2

章节	英文名称	中文名称
1	General	总则
2	Seismic Action	地震作用
3	Ground Properties	场地性能
4	Requirements for Siting and for Foundation Soils	选址与地基土的要求
5	Foundations System	基础系统
6	Soil-structure Interaction	土-结构的相互作用
7	Earth Retaining Structures	支挡结构
A	Topographic Amplification Factors	地形放大系数
B	Empirical Charts for Simplified Liquefaction Analysis	简化液化分析的经验图表
C	Pile-head Static stiffnesses	桩头静力刚度
D	Dynamic Soil-structure Interaction (SSI). General Effects and Significance	土-结构动力相互作用：一般影响及重要性
E	Simplified Analysis for Retaining Structures	支挡结构的简化分析
F	Seismic Bearing Capacity of Shallow Foundations	浅基础地基抗震承载力

1.2.2 GB 50011—2010

GB 50011—2010 第 1.0.3 条规定，GB 50011—2010 适用于抗震设防烈度为 6、7、8 和 9 度地区建筑工程的抗震设计以及隔震、消能减震设计。

因此，在本对比分析中，仅将 GB 50011—2010 中场地和基础部分与欧洲标准进行对比。

1.2.3 JTG/T B02-01—2008

JTG/T B02-01—2008 主要适用于跨径不超过 150m 的钢筋混凝土和预应力混凝土梁桥、圬工或钢筋混凝土拱桥的抗震设计。斜拉桥、悬索桥、单跨跨径超过 150m 的特大跨径梁桥和拱桥，可参照该细则给出的抗震设计原则进行设计。

因此，在本书的对比分析中，仅将 JTG/T B02-01—2008 中场地和基础部分与欧洲标准进行了对比。

1.3 假定

EN 1998-5 第 1.3 条规定，EN 1990：2002 中第 1.3 条规定的一般假定均适用于 EN 1998-5。

1.4 原则性规定与应用性规定之间的区别

EN 1998-5 第 1.4 条规定，EN 1990：2002 中第 1.4 条的规定均适用于 EN 1998-5。

1.5 定义与符号

1.5.1 EN 1998-5

EN 1998-5 第 1.5 条规定，EN 1990：2002 第 1.5 条中的术语均适用于 EN 1998-5。另外，EN 1997：2004 第 1.5.2 条规定的场地定义和其他与地震有关的岩土工程术语也适用于 EN 1998-5。

1.5.2 GB 50011—2010 与 JTG/T B02-01—2008

中国并无专门的基础工程抗震设计标准，定义和符号较为分散，具体的定义和符号参见 GB 50011—2010 和 JTG/T B02-01—2008。

1.6 本章小结

本章首先介绍了中国抗震设计标准的发展历程，主要包括建筑抗震设计标准和桥梁抗震设计标准。随后介绍了 EN 1998-5 的适用范围、假定、原则性规定与应用性规定之间的区别、定义与符号，并和 GB 50011—2010 与 JTG/T B02-01—2008 进行了对比分析。

第 2 章 地震作用

2.1 地震作用的定义

2.1.1 EN 1998-5

EN 1998-5 中关于地震作用的定义与 EN 1998-1 第 3.2 节中保持一致,并考虑 EN 1998-5 第 4.2.2 节中的规定。

同时,地震作用与其他作用的组合符合 EN 1990:2002 第 6.4.3.4 条和 EN 1998-1:2004 第 3.2.4 条中的相关规定。

2.1.2 GB 50011—2010

GB 50011—2010 关于地震作用的计算已在《中欧建筑结构抗震设计标准对比分析》第 3 章进行了详细介绍。

2.1.3 JTG B02—2013

JTG B02—2013 第 3.3.1 条规定,公路工程构筑物的地震作用包括水平向地震作用和竖向地震作用,应根据场地设计地震动峰值加速度和地震动反应谱特征周期确定。同时,JTG B02—2013 第 5 章详细规定了桥梁工程地震作用的计算方法,第 8 章规定了路基抗震设计方法,桥梁工程地震作用的计算方法已在《中欧桥梁结构抗震设计标准对比分析》中详述,本节将具体介绍路基抗震设计方法。

作用于各土体条块重心处的地震作用按式(2-1)和式(2-2)计算:

水平向地震作用:

$$E_{\mathrm{hs}i} = \frac{C_i C_z A_\mathrm{h} \psi_j G_{\mathrm{s}i}}{g} \tag{2-1}$$

竖向地震作用:

$$E_{\mathrm{vs}i} = \frac{C_i C_z A_\mathrm{v} G_{\mathrm{s}i}}{g} \tag{2-2}$$

式中:$E_{\mathrm{hs}i}$——作用于路基计算土体重心处的水平向地震作用(kN);

$E_{\mathrm{vs}i}$——作用于路基计算土体重心处的竖向地震作用(kN);

C_i——抗震重要性修正系数,应按表 2-1 采用;

C_z——综合影响系数,取 0.25;

ψ_j——水平地震作用沿路堤边坡高度增大系数，按式(2-3)取值：

$$\psi_j=\begin{cases}1.0 & (H\leqslant 20\mathrm{m})\\ 1.0+\dfrac{0.6}{H-20}(h_i-20) & (H>20\mathrm{m})\end{cases} \tag{2-3}$$

A_h——路基所处地区的水平向设计基本地震动峰值加速度；

G_{si}——路基计算第 i 条土体重力(kN)；

A_v——路基所处地区的竖向设计基本地震动峰值加速度，按表 2-2 确定，作用方向取不利于稳定的方向，计算时向上取负，向下取正；

h_i——路基计算第 i 条土体的高度(m)；

H——路基边坡高度(m)。

除桥梁外公路工程构筑物抗震重要性修正系数 C_i 表 2-1

公路等级	构筑物重要程度	抗震重要性修正系数 C_i
高速公路、一级公路	抗震重点工程	1.7
	一般工程	1.3
二级公路	抗震重点工程	1.3
	一般工程	1.0
三级公路	抗震重点工程	1.0
	一般工程	0.8
四级公路	抗震重点工程	0.8

注：抗震重点工程指隧道和破坏后抢修困难的路基、挡土工程。

地震基本烈度和设计基本地震动峰值加速度对应表 表 2-2

地震基本烈度	6	7		8		9
水平向 A_h	≥0.05g	0.10g	0.15g	0.20g	0.30g	≥0.40g
竖向 A_v	0	0		0.10g	0.17g	0.25g

JTG/T B02-01—2008 中设计加速度反应谱也分为水平向设计加速度反应谱和竖向设计加速度反应谱，其与 JTG B02—2013 相关规定相同。

2.2 时程表示法

2.2.1 EN 1998-5

EN 1998-5 第 2.2 节规定，进行时程分析时可采用人工模拟的地震加速度时程曲线或实际记录的地震加速度时程曲线，峰值和频率范围根据 EN 1998-1 第 3.2.3.1 条进行计算。而在验算与永久场地变形计算相关的动力稳定性时，地震激励宜包括场地与地基的真实地震加速度波形，且要按照 EN 1998-1 第 3.2.3.1 条要求的方式选择强震的运动持时。

2.2.2 GB 50011—2010

GB 50011—2010 第 5.1.2(5)条对基础的抗震验算进行了简单的规定，6 度和 7 度基础的抗震验算可采用简化方法；8、9 度时，应采用时程分析方法进行抗震验算。正确选择输入的地震加速度时程曲线，要满足地震动三要素的要求，即频谱特性、有效峰值和持续时间均要符合规定。频谱特性可用地震影响系数曲线表征，并依据所处的场地类别和设计地震分组确定。

2.2.3 JTG/T B02-01—2008

一组时程分析结果只是结构随机响应的一个样本,不能反映结构响应的统计特性,因此,需要对多个样本的分析结果进行统计才能得到可靠的结果。JTG/T B02-01—2008 第 6.5 节规定了时程分析最终结果的确定方法。当采用 3 组时程波计算时,应取 3 组计算结果的最大值;当采用 7 组时程波计算时,可取 7 组计算结果的平均值。在 E1 地震作用下,线性时程法的计算结果不应小于反应谱法计算结果的 80%。

2.3 本章小结

本章主要对中欧标准中关于地震作用的定义和时程分析法等相关规定进行了对比分析。可以看出,EN 1998-5 中地震作用的定义和 EN 1998-1 中保持一致,EN 1998-1 和 GB 50011—2010 用四段曲线表征反应谱,JTG/T B02-01—2008 通过三段曲线表征反应谱,略微简单。通过对比可以得到以下结论:

(1)中国标准采用三水准设防,欧洲抗震标准采用两水准设防,大致对应于中国小震和中震的设防水准与设防目标。欧洲标准中没有对应中国标准大震水准的设防目标,中国标准抗震设防目标更为严格。

(2)欧洲标准采用的反应谱与中国标准的反应谱形状相似,但表达形式不同。在相同条件下,欧洲标准弹性设计反应谱短周期段取值高于中国标准,长周期段取值低于中国标准。

第3章 场地特性

3.1 强度参数

3.1.1 EN 1998-5

EN 1998-5 第 3.1 条规定了标准中所采用的强度参数。通常,用于设计的剪切强度采用给定荷载下,在最有利排水条件下获得的剪切强度。

1)黏性土

(1)静态剪切强度。

地震荷载持续时间短,在此短暂时间内,黏性土中不可能发生排水现象。最危险条件是直接加载后,因为剪切强度随土体固结而增大。如果土体中超孔隙水压力 Δu 可以忽略,那么控制剪切强度将与静态情形相同,即剪切强度 τ_f 等于不排水剪切强度 c_u。不排水剪切强度 c_u 由静态(不排水)试验确定,优先考虑循环加载试验。

(2)循环退化效应。

当一个正常固结的黏性土试样承受不排水循环加载时,将逐渐产生正的孔隙水压力 Δu,有效应力随之下降,同时剪切强度也相应下降,当超过某一剪应力水平或超过某一特定循环次数时,甚至会出现循环破坏。在饱和砂土中,这种类型的破坏称为液化。

在正常固结(NC)黏性土中,由于循环加载导致的剪切强度折减可用式(3-1)估算:

$$\frac{(c_u)_{cyc}}{(c_u)_{NC}} = \left(\frac{1}{1-\Delta u/\sigma'_c}\right)^{l-1} \tag{3-1}$$

式中:$(c_u)_{cyc}$——不排水循环加载剪切强度;

$(c_u)_{NC}$——土体不排水(静态)强度,优先选用循环加载试验;

σ'_c——有效(静态)应力;

l——试验常数,可以通过校正式 $l=0.939-0.002I_p$ 估算,其中 I_p 为土体塑性指数。

式(3-1)允许对不排水剪切强度进行量化的折减,前提是能估算循环加载产生的 Δu,强度折减大小取决于循环加载次数。对典型正常固结塑性指数为 20~30 的黏土,l 值接近 0.9,即使在孔隙压力比 $\Delta u/\sigma'_c=0.6$ 的条件下,强度折减值也不超过 10%,因此被忽略。只有高塑性黏性土,类似于墨西哥土的黏土,塑性指数超过 200,在同样的孔隙水压力比条件下,按照式(3-1)循环加载作用后,才会产生 35% 的强度折减。

循环导致剪切强度降低是暂时现象,随着超孔隙水压力的耗散,有效应力将重新增加,同时剪切强度也逐渐恢复,直至恢复到它的静态值。

(3)荷载效应速率。

通常,加载速率导致黏性土的强度增加。考虑到从加载到试样破坏的时间范围为 100 ~ 0.1s,尽管评估时用到的试验数据具有较大的离散性,相对于静态试验,强度可能增加15%。这种对结构安全有利的情形常被忽略。

2)无黏性土

未胶结饱和砂土,不排水条件下的剪切强度可用库仑破坏准则按有效应力形式表达:

$$\tau_f = (\sigma_f - u)\tan\phi' \tag{3-2}$$

式中:σ_f——总法向应力。

EN 1998-5 第 3.1(2)条建议使用式(3-2)。但是,为获取有效法向应力 $\sigma'_f = \sigma_f - u$,要求估算类似地震作用的循环荷载产生的超孔隙水压力 Δu,这种估算有一定难度。

3.1.2 GB 50011—2010 与 JTG B02—2013

GB 50011—2010、JTG B02—2013 以及 JTG/T B02-01—2008 中未对地基承载力的取值做详细描述,但均指出地基基础在地震作用下的状态属于非弹性的半空间动力学问题,其理论分析、模型试验和实物试验相对困难,抗震理论的成熟程度较差,地基基础的抗震设计目前仍按照不成熟的拟静力法进行分析。相应的地基承载力特征值 f_a 取地基处理后且经过深度和宽度修正的地基承载力特征值。而对于偏心距 e 小于或等于 0.033 倍基础地面宽度时的地基承载力特征值,可按照抗剪强度指标来确定。

3.2 刚度和阻尼系数

3.2.1 EN 1998-5

1)剪切刚度

EN 1998-5 第 3.2 条规定了土体剪切模量 G 的计算方法,可以根据土体的密度和地基土的剪切波速按照式(3-3)进行计算:

$$G = \rho v_s^2 \tag{3-3}$$

式中:ρ——地基土的密度;

v_s——地基剪切波速。

同时,EN 1998-5 第 4.2.2 和 4.2.3 条给出了 v_s 的确定标准,包括其土体应变等级的依赖性。

由剪切模量 G 或地震剪切波速 v_s 代表的剪切刚度,其主要作用是对建设场地按照 EN 1998-1 第 3.1.2 条规定划分的场地类型进行分类(这方面内容将在后文结合 EN 1998-5 第 4.2.2 条进行更详细的讨论)。附加应用要求具备土层剖面的剪切刚度知识,包括计算:①动态土与结构相互作用的参数(EN 1998-5 第 6 章和附录 D);②地震场地响应,S_1 类场地的地震作用的计算,以及当高度大于 10m 时挡土墙抗震稳定性验算公式中地震系数 k_h 的确定。

2)阻尼系数

EN 1998-5 中,除动力状态下的土与结构相互作用外,土的内部阻尼的使用与剪切刚度相同。

3.2.2 GB 50011—2010 与 JTG B02—2013

GB 50011—2010 与 JTG B02—2013 中对场地类别的划分同样主要依据剪切波速,土层剪切波速与剪切模型的关系同样与式(3-3)一致,但中国标准在确定岩土剪切波速时或直接通过原位测试获得(GB 50011—2010 第 4.1.5 条),或通过采用经验法估算土层的等效剪切波速获得(GB 50011—2010 第 4.1.3 条),标准中未对剪切刚度的确定和作用进行明确说明。

3.3 本章小结

本章主要对 EN 1998-5 中的土体相关强度参数及其分项系数、刚度和阻尼系数进行了规定,GB 50011—2010 和 JTG/T B02-01—2008 中对此无专门规定,使用时可以参照相关基础设计标准。

第4章 工程选址要求及地基土要求

4.1 工程选址

4.1.1 一般规定

4.1.1.1 EN 1998-5

EN 1998-5 第 4.1.1 条规定，为了确定场地性质，应对工程选址进行评估，以确保该场地能在地震发生时将破裂、边坡失稳、砂土液化、高致密敏感性危害降至最低。此外，还应调查地震活跃断层、边坡失稳、砂土液化和过度沉降发生的概率。

评估的程度决定于工程项目的社会与经济重要性和设计地震作用的强烈程度，很自然，这种评估被视为一个多步骤过程。在这一过程中，甚至在钻探或其他原位勘探之前，首先由有经验的地质学家对场地灾害进行初步整体评估，在整理与分析原位测试数据后，进行最终评估，包括场地分类。在某些欧洲国家，如意大利，现有抗震设计标准要求工程地质报告提供关于场地总体稳定性和设计中采用的基础类型方面的指南。

4.1.1.2 GB 50011—2010

地震造成建筑的破坏，除与地震动直接相关外，还与场地条件有关，诸如地震引起的地表错动与地裂，地基土的不均匀沉陷、滑坡和粉、砂土液化等。因此，选择有利于抗震的建筑场地，是减轻场地引起的地震灾害的第一道工序，抗震设防区的建筑工程宜选择有利的地段，避开不利地段并不在危险的地段建设。GB 50011—2010 第 3.3.1 条规定，选择建筑场地时，应根据工程需要和地震活动情况、工程地质和地震地质的有关资料，对抗震有利、一般、不利和危险地段做出综合评价。对不利地段，应提出避开要求；当无法避开时应采取有效的措施。对危险地段，严禁建造甲、乙类的建筑，不宜建造丙类建筑。

场地地段的划分，是在选择建筑场地的勘察阶段进行的，要根据地震活动情况和工程地质资料进行综合评价。GB 50011—2010 第 4.1.1 条给出了划分建筑场地有利、一般、不利和危险地段的依据，如表 4-1 所示（参见 GB 50011—2010 表 4.1.1）。

4.1.1.3 JTG/T B02-01—2008

JTG/T B02-01—2008 第 4.1.1 ~ 4.1.4 条也有类似规定。其中，第 4.1.1 条规定，桥位选择应在工程地质勘查和专门工程地质、水文地质调查的基础上，按地质构造的活动性、边坡稳定性和场地的地质条件等进行综合评价，应查明对公路桥梁抗震有利、不利和危险的地段，宜充分利用对抗震有利的地段。

GB 50011—2010 中关于有利、一般、不利和危险地段的划分　　表 4-1

地段类别	地质、地形、地貌
有利地段	稳定基岩,坚硬土,开阔、平坦、密实、均匀的中硬土等
一般地段	不属于有利、不利和危险的地段
不利地段	软弱土,液化土,条状突出的山嘴,高耸孤立的山丘,陡坡,陡坎,河岸和边坡的边缘,平面分布上成因、岩性、状态明显不均匀的土层(含故河道、疏松的断层破碎带、暗埋的塘浜沟谷和半填半挖地基),高含水率的可塑黄土,地表存在结构性裂缝等
危险地段	地震时可能发生滑坡、崩塌、地陷、地裂、泥石流等及发震断裂带上可能发生地表错位的部位

抗震有利地段一般是指建设场地及其邻近无晚近期活动性断裂,地质构造相对稳定,同时地基为比较完整的岩体、坚硬土或开阔、平坦、密实、均匀的中硬土等。抗震不利地段一般是指软弱黏性土层、液化土层和地层严重不均匀的地段,地形陡峭、孤突、岩土松散、破碎的地段,地下水位埋藏较浅、地表排水条件不良的地段。严重不均匀地层系指岩性、土质、层厚、界面等在水平方向变化很大的地层。抗震危险地段一般是指地震时可能发生滑坡、崩塌的地段,地震时可能塌陷的地段、溶洞等岩溶地段和已采空的矿穴地段,河床内基岩具有倾向河槽的构造软弱面被深切河槽所切割的地段,发震断裂、地震时可能坍塌而中断交通的各种地段。

抗震不利地段布设桥位时,宜对地基采取适当抗震措施。在软弱黏性土层、液化土层和严重不均匀地层上,不宜修建大跨径超静定桥梁。各级公路桥位宜绕避抗震危险地段,对于高速公路、一级公路必须通过抗震危险地段时,宜作地震安全性评价分析。对河谷两岸地震时可能因发生滑坡、崩塌而造成堰塞湖的地段,应估计其淹没和溃决的影响范围,合理确定路线的高程,选定桥位。当可能因发生滑坡、崩塌而改变河流流向,影响岸坡和桥梁墩台以及路基的安全时,应采取适当措施。

4.1.2　地震作用断层

对于断裂对工程影响的评价问题,长期以来,不同学科之间存在着不同看法,经过近些年来的不断研究与交流,认为需要考虑断层影响,这主要是指地震时老断层重新错动,直通地表,在地面产生错位,对建在错位带上的建筑,其破坏不易用工程措施加以避免。对这种瞬时产生的地表错动还没有经济、有效的工程构造措施,主要靠避让来降低危险性。

4.1.2.1　EN 1998-5

EN 1998-5 第 4.1.2 条规定:

(1)EN 1998-1:2004 第 4.2.5 条中定义的重要性等级为Ⅱ、Ⅲ、Ⅳ的建筑不得位于由国家主管部门发布的官方文件中规定的地震活跃的构造断层处。CEN/TC250/SC8 分委员会关于 EN 1998-5 第 4.1.2(1)条的讨论没能更严格指明"在构造断层的附近"按照表面断层痕迹新建建筑的后退距离。关于合理的断层退让距离可以参考加利福尼亚法规——Alquist-Priolo 地震断层带 1972 法案,其规定:"一个项目审批前,城市和国家必须要求地质调查以论证拟建建筑不应跨越活动断层。特定场地的评估和书面报告必须由具有资质的地质专家做出。如果发现活断层,供人类活动的建筑不能跨越断层并且必须远离断层(一般 50 英尺❶)。"

(2)对于公共安全不重要的大多数建筑,在晚第四纪期以来没有运动现象可以认定为非活动断层。"晚第四纪"可能被理解为包含全新世(最近 10000 年),或从最近的冰河期末开始的更长的时间段(当可用时)。

❶ 1 英尺 =0.3048 米。

(3)对于城市规划和需要建立在强震区临近潜在活动断裂带的重要建筑,应进行特殊的地质勘查,以确定地层断裂和严重的地面震动所造成的危害。对地表断层灾害的现场评估通常要求征求专家建议。需要注意的是,地质学家评估断层所用的"地震作用"的准则不一定相同,这取决于结构(或基础设施)的风险保护水平。断层的"地震作用"与产生断层的最近的构造运动相关。有能力处理这类问题的不同权威机构也可能应用略有不同的准则。

在欧洲,关于地震活动断层的有用信息可从欧洲震源目录中获得,标题为"源于地球物理学/地质学数据"。但是,涉及断层的图形比例与 EN 1998-5 中条款的比例不一致。

4.1.2.2 GB 50011—2010

GB 50011—2010 第 4.1.7 条规定,场内存在发震断裂时,应对断裂的工程影响进行评价,当抗震设防烈度小于 8 度、非全新世活动断裂和抗震设防烈度为 8 度与 9 度且隐伏断裂的土层覆盖厚度分别大于 60m 和 90m 时,可忽略发震断裂错动对地面建筑的影响。对于不符合前述规定的情况,应避开主断裂带,其避让距离不宜小于 GB 50011—2010 表 4.1.7 对发震断裂最小避让距离的规定(表 4-2)。在避让距离的范围内确有需要建造分散的、低于三层的丙、丁类建筑时,应提高一度采取抗震措施,并提高基础和上部结构的整体性,且不得跨越断层线。

发震断裂的最小避让距离(单位:m) 表 4-2

烈 度	建筑抗震设防类别			
	甲	乙	丙	丁
8	专门研究	200	100	—
9	专门研究	400	200	—

4.1.2.3 JTG/T B02-01—2008

JTG/T B02-01—2008 第 4.1.3 条要求各级公路桥位宜避绕抗震危险地段,其中就包括发震断裂地段,对于高速公路、一级公路必须通过抗震危险地段时,宜作地震安全性评价分析。

第 4.1.9 条规定,桥梁工程场地范围内有发震断裂时,应对断裂的工程影响进行评价,当抗震设防烈度小于 8 度、非全新世活动断裂或抗震设防烈度为 8 度和 9 度,前第四纪基岩隐伏断裂的土层覆盖厚度分别大于 60m 和 90m 时,可不考虑发震断裂错动对桥梁的影响。当不能满足上述条件时:A 类桥梁应尽量避开主断裂,抗震设防烈度为 8 度和 9 度地区,其避开主断裂的距离为桥墩边缘至主断裂带外缘分别不宜小于 300m 和 500m;A 类以下桥梁宜采用跨径较小、便于修复的结构;当桥位无法避开发震断裂时,宜将全部墩台布置在断层的同一盘(最好是下盘)上。

相比而言,GB 50011—2010 和 JTG/T B02-01—2008 均详细规定了不需要考虑发震断裂的范围和无法避开时要采取的详细措施,而 EN 1998-5 的规定相对较为简单。

4.1.3 边坡稳定性

4.1.3.1 EN 1998-5

1)一般规定

EN 1998-5 第 4.1.3.1 条对边坡稳定性的一般要求进行了规定,拟在天然或人工斜坡上(或附近)修建结构时,应核查在设计地震作用下场地的稳定性,以确保结构的安全性和适用性。而在地震荷载作用下,边坡的极限状态是指超越在一定深度范围内地面发生的对建筑产生重大结构和功能性影响的难以承受的较大永久性位移。如果可以确定施工现场的场地是稳定的,则对于结构重要性为Ⅰ级的建筑可不必进行地基稳定性核实。

2)地震作用的确定

为验算稳定性而确定的设计地震作用应满足 EN 1998-5 第 2.1 条中的规定。对于位于边坡上或靠近边坡的重要性系数 γ_I 大于 1.0 的结构,在基础的稳定性验算中,应通过地形放大系数提高设计地震作用效应。GB 50011—2010 也有类似规定。

EN 1998-5 附录 A 对地形放大系数 S_T 进行了规定。

第 A.1 条规定:附录 A 给出了一些在进行边坡稳定性验算时,地震作用放大的简化确定方法,比如地形放大系数 S_T。地形放大系数 S_T 等于与场地特征周期无关的参数再乘以一个常数比例系数。采用场地放大系数主要用于确定二维不规则形状场地的地震作用,比如长的山脊和高于 30m 的悬崖。

第 A.2 条规定:对孤立的悬崖和边坡,在场地的顶部取 $S_T \geqslant 1.2$;脊部宽度远小于基底宽度的山脊,平均坡度大于 30°时 $S_T \geqslant 1.4$,平均坡度较小时 $S_T \geqslant 1.2$;当存在松散面层时,前述数值应至少增大 20%。而对于放大系数的空间变化,底部保持一致,S_T 在山脊或悬崖底部以上随高度线性变化。

同时,第 A.3 条指出:在边坡稳定性分析时,山脊表面的地形影响效应最大,山坡底的地形影响效应要小得多。在这种情况下,破坏面位于山底附近。在后者情况下,若采用拟静力分析法,则可忽略地表效应。

3)边坡稳定性分析方法

EN 1998-5 第 4.1.3.3 条给出了地震作用下边坡稳定性验算的分析方法:

(1)设计地震作用下的边坡效应可通过已知的动力分析法(如有限元或刚性块体模型)或按第(3)款和第(8)款中规定的简化拟静力法进行计算。

(2)建模时,应考虑土介质的力学性能、随应变等级上升的响应软化和周期荷载作用下空隙水压力上升的可能影响。

(3)在地表形态和地层不发生明显变化的地方,边坡稳定性的验算可采用简化方法。

(4)认为每一部分土体均承受水平和竖向力并假定任何重力荷载均作用于边坡顶部,基于拟静力稳定分析方法与 EN 1997-1:2004 第 11.5 条中规定的方法相似。

(5)在拟静力分析方法中,设计地震惯性力 F_H 和 F_V 沿水平方向和竖向方向分别作用时,应按照如下公式取值:

$$F_H = 0.5a \cdot S \cdot W \tag{4-1}$$

若 a_{vg}/a_g 的比值大于 0.6:

$$F_V = \pm 0.5F_H \tag{4-2}$$

若 a_{vg}/a_g 的比值不大于 0.6:

$$F_V = \pm 0.33F_H \tag{4-3}$$

式中:a——A 类场地设计地面加速度 a_g 与重力加速度 g 的比值;

a_{vg}——垂直方向设计地面加速度;

a_g——A 类场地的设计地面加速度,应按照本节第 2)款地震作用的确定部分规定考虑地形放大系数;

S——EN 1998-1:2004 第 3.2.2.2 条中的土参数;

W——滑动块的重量。

(6)应验算最不安全的潜在滑动面的承载能力极限状态。

(7)可通过计算滑块的永久位移来验算正常使用极限状态,计算永久位移的方法是采用由抵抗边坡摩擦力的刚性块体滑动组成的简化动态模型。在此模型中,地震作用应是符合 EN 1998-5 第 2.2 节要求、基于无减少设计加速度的时程表示法。

(8)简化方法[如上述第(3)~(6)款提到的拟静力法]不能用于土中有高孔隙水压力以及循环荷载下刚度严重退化的情况。

(9)应采用适当的方法评估孔隙压力增长。如果没有进行该项测试,则对于初步设计,可通过经验公式进行评估。

拟静力分析法的应用遵循如下步骤:

①选定一滑移面(多数是圆弧面),拟静力作用规定的水平和垂直地震惯性力和其他永久荷载,作用点位于滑动面与地层表面之间的土体重心。

②通过静力平衡条件,计算土体抗滑力与下滑力之比即为安全系数。

③改变滑移面,计算安全系数,进行多次迭代,直到获得最小的安全系数值,此值即为有效安全系数。

关于拟静力法的应用,本质问题是不应忽略 EN 1998-5 第 4.1.3.3 条中规定的极限状态:①传播剖面和地层剖面的几何形状必须是规则的;②边坡土体,如果是饱和状态,孔隙水压力不应产生明显的增加,这种增加的水压力可能导致循环荷载作用下剪切强度损失和刚度折减。

4)拟静力法的安全性验算

(1)对于 $\alpha \cdot S > 0.15$ 区域中的饱和土,应考虑 EN 1998-5 第 4.1.3.3 条第(8)款中提到的周期荷载引起的强度下降和水压力增加的影响。

(2)对于地震重复发生可能性较高的静止滑面,应采用较大的土层强度参数应变值。在易受循环孔隙压力增长(在第 4.1.1.3 条的限制范围内)影响的非黏结性材料中,后者可通过与孔隙压力最大增量成正比的相应孔隙压力系数减少摩擦承载力予以考虑。可按 EN 1998-5 第 4.1.3.3 条第(9)款中的说明估算这种增长。

(3)强膨胀的非黏性土不需折减抗剪强度,如密实砂。

(4)应按 EN 1997-1:2004 中的准则进行边坡的安全性验算。

4.1.3.2 GB 50011—2010

GB 50011—2010 第 4.1.8 条规定,当需要在条状突出的山嘴、高耸孤立的山丘、非岩石和强风化岩石的陡坡、河岸和边坡边缘等不利地段建造丙类及丙类以上建筑时,除保证其在地震作用下的稳定性外,尚应估计不利地段对设计地震动参数可能产生的放大作用,其水平地震影响系数最大值应乘以增大系数。其值应根据不利地段的具体情况确定,在 1.1 ~ 1.6 范围内采用。

GB 50011—2010 主要考虑了局部突出地形对地震动参数的放大作用,主要依据宏观震害调查的结果和对不同地形条件与岩土构成的形体所进行的二维地震反应分析结果。所谓局部突出地形主要是指山包、山梁和悬崖、陡坎等,情况比较复杂,对各种可能出现的情况的地震动参数的放大作用都做出具体的规定是很困难的。根据宏观震害经验和地震反应分析结果所反映的总趋势,大致可以归纳为以下几点:①高突地形距离基准面的高度愈大,高处的反应愈强烈;②离陡坎和边坡顶部边缘的距离愈大,反应相对减小;③从岩土构成方面看,在同样地形条件下,土质结构的反应比岩质结构大;④高突地形顶面愈开阔,远离边缘的中心部位的反应则明显减小;⑤边坡愈陡,其顶部的放大效应相应加大。

4.1.3.3 JTG B02—2013

JTG B02—2013 第 8.2.2 条规定:公路路基可采用静力法进行抗震稳定性验算。设计基本地震动加速度峰值大于或等于 0.20g 地区的高速公路、一级公路,挖方高度超过 20m,填方路堤高度超过 15m,且处于滑坡地段的路基,宜对其抗震稳定性进行专门研究。

第 8.2.6 条规定:采用静力法对路基进行抗震稳定性验算时,应按下列公式计算路基边坡抗震稳定系数 K_c。

土质路基抗震稳定系数 K_c 应根据图 4-1,按式(4-4)确定,也可采用其他可靠方法计算。

$$K_c = \frac{\sum_{i=1}^{n}\{cB\sec\theta + [(G_{si} + E_{vo})\cos\theta - E_{hsi}\sin\theta]\tan\varphi\}}{\sum_{i=1}^{m}[(G_{si} + E_{vi})\sin\theta + M_h/r]} \tag{4-4}$$

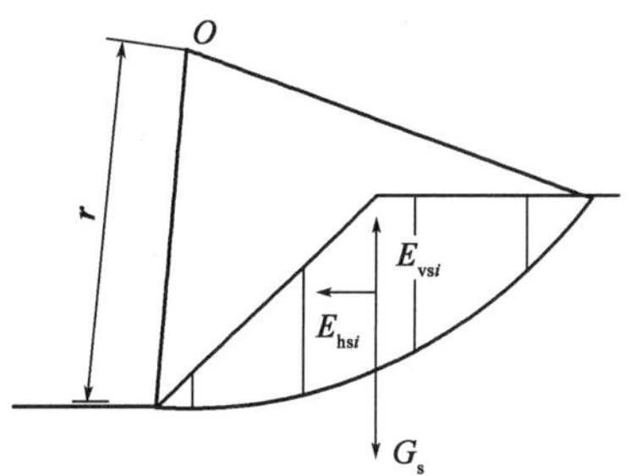

图 4-1 圆弧滑动法计算示意图

式中：K_c——抗震稳定系数；

r——圆弧半径(m)；

B——滑动体条块宽度(m)；

θ——条块底面中点切线与水平线的夹角(°)；

M_h——F_h 对圆心的力矩(kN · m)；

F_h——作用在条块重心处的水平向地震惯性力代表值(kN/m)，作用方向取不利于稳定的方向；

c——土石填料在地震作用下的黏聚力(kN)；

φ——土石填料在地震作用下的摩擦角(°)。

4.1.4 液化

松软砂土、饱和砂土构成的地基土体抗剪强度低，易于液化，此类地基的建筑在遭遇地震时，沉降、倒塌及滑移等震害现象十分普遍。因此，地震引起的液化是一个重要的课题，各国标准也对此有不同的研究与规定。

地震时土体液化的原因是地震波传播到土体后，由于土粒大小、形状和所受荷载不同，土粒接触点处所受振动力的大小与方向各异，从而破坏了土粒间原有的平衡，导致土粒重新排列。而饱和砂土的液化则是振动过程中，不排水条件下土的有效应力降低甚至丧失，而超孔隙水压力上升，最终导致土粒随水发生流动。

地震时地基土液化是建筑破坏的主要原因之一，所以在结构抗震设计标准中都有地基土液化判别的方法。但由于地基土液化的复杂性，不同国家的研究者对液化的认识不同，不同国家规定的地基土液化判别方法也不同。本书对中国和欧洲等国家抗震设计标准中地基土液化的判别方法及考虑的因素进行了分析对比。

4.1.4.1 EN 1998-5

EN 1998-5 第 4.1.4(7)条规定，对于浅基础上的建筑，当饱和砂土的深度位于距地面 15m 以下时，可不进行砂土液化敏感性的评价。

当 $\alpha \cdot S < 0.15$ 且满足以下条件之一时，可以忽略砂土液化带来的危害：

(1)黏土含量超过 20% 且塑性指数 $PI > 10$ 的砂土；

(2)淤泥含量超过 35% 且覆盖层效应和能量比的标准化 SPT 标准贯入试验锤击数 $N_1(60) > 20$ 的砂土；

(3)覆盖层效应和能量比的标准化 SPT 标准贯入试验锤击数 $N_1(60) > 30$ 的干净砂土。

EN 1998-5 第 4.1.4(2)条规定，若地下水位下的地基土有延伸的松散砂层或厚的松散砂层(无论有无粉土微粒及黏土微粒)，且地下水位接近地表时，应进行液化敏感性评价。液化判别时只要考虑现场 SPT 或圆锥贯入试验(CPT)与室内测定的土颗粒粒径分布曲线。

EN 1998-5 附录 B 给出了水平地基条件下纯砂和粉砂的经验液化曲线。可用式(4-5)确定地震剪应力 τ_e(深度 <20m 时)：

$$\tau_e = 0.65\alpha \cdot S \cdot \sigma_{v0} \tag{4-5}$$

式中：α——A 类场地设计地面加速度 α_g 与重力加速度 g 之比；

S——土参数，按场地类别取值；

σ_{v0}——总超应力。

根据标准贯入试验锤击数 $N_1(60)$确定 τ_e，当按式(4-5) 计算的 τ_e 值小于按图 4-2 确定的值乘一定比例 λ 时，可判为不液化。EN 1998-5 建议 λ 值取为 0.8。另外，图 4-2 是按表面震级 M_S 等于 7.5 建立的，当 M_S 不等于 7.5 时，坐标应乘以表 4-3 中的系数 CM 值。

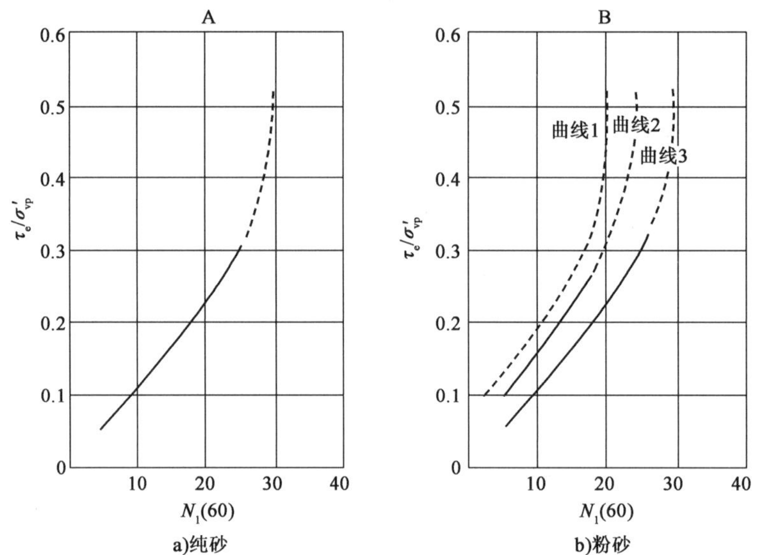

图 4-2 $M_S = 7.5$ 时地震引起的液化应力比与 $N_1(60)$ 值间的关系

曲线 1-35% 细度;曲线 2-15% 细度;曲线 3- <5% 细度

系 数 CM 值 表 4-3

M_S	CM	M_S	CM
5.5	2.86	7.0	1.30
6.0	2.20	8.0	0.67
6.5	1.69		

EN 1998-5 第 4.1.4 条第(12) ~ (14)款对易液化土提出了地基加固和打桩的处理措施,用以保证地基的稳定性,但是具体的操作细则没有明确提出。

4.1.4.2 GB 50011—2010

GB 50011—2010 进行地震作用下土体液化判别时均采用初判和复判两个步骤,所用的初判指标为黏粒含量百分率、地质年代、地下水位深度和上覆非液化土层厚度、基础埋置深度和液化土特征深度等指标,但表述方式不完全一致。而复判时则采用标准贯入试验法判断砂土的液化。当可能液化的土体满足初判条件之一时,即判断为不液化,并不再进行液化判定。

1)初判

GB 50011—2010 第 4.3.2 条和第 4.3.3 条对液化的初判进行了规定,地面下存在饱和砂土和饱和粉土时,除 6 度外,应进行液化判别;存在液化土层的地基,应根据建筑的抗震设防类别、地基的液化等级,结合具体情况采取相应的措施(不含黄土、粉质黏土)。

饱和的砂土或粉土(不含黄土),当符合下列条件之一时,可初步判别为不液化或可不考虑液化影响:

(1)地质年代为第四纪晚更新世(Q_3)及其以前时,7 度、8 度时可判为不液化。

(2)粉土的黏粒(粒径小于 0.005mm 的颗粒)含量百分率,7 度、8 度和 9 度分别不小于 10、13 和 16 时,可判为不液化土。

注:用于液化判别的黏粒含量系采用六偏磷酸钠做分散剂测定,采用其他方法时应按有关规定换算。

(3)浅埋天然地基的建筑,当上覆非液化土层厚度和地下水位深度符合下列条件之一时,可不考虑液化影响:

$$d_u > d_0 + d_b - 2 \tag{4-6}$$

$$d_w > d_0 + d_b - 3 \tag{4-7}$$

$$d_u + d_w > 1.5d_0 + 2d_b - 4.5 \tag{4-8}$$

式中：d_w——地下水位深度(m)，宜按设计基准期内年平均最高水位采用，也可按近期内年最高水位采用；

d_u——上覆盖非液化土层厚度(m)，计算时宜将淤泥和淤泥质土层扣除；

d_b——基础埋置深度(m)，不超过2m时应采用2m；

d_0——液化土特征深度(m)，可按表4-4采用。

液化土特征深度(单位:m)　　表4-4

饱和土类别	7度	8度	9度
粉土	6	7	8
砂土	7	8	9

2)复判

GB 50011—2010第4.3.4条对液化的初判进行了规定，当饱和砂土、粉土的初步判别认为需进一步进行液化判别时，应采用标准贯入试验判别法判别地面下20m范围内土的液化；但对GB 50011—2010第4.2.1条规定可不进行天然地基及基础的抗震承载力验算的各类建筑，可只判别地面下15m范围内土的液化。当饱和土标准贯入锤击数(未经杆长修正)小于或等于液化判别标准贯入锤击数临界值时，应判为液化土。当有成熟经验时，尚可采用其他判别方法。

在地面下20m深度范围内，液化判别标准贯入锤击数临界值可按式(4-9)计算：

$$N_{cr} = N_0 \beta [\ln(0.6d_s + 1.5) - 0.1d_w] \sqrt{3/\rho_c} \tag{4-9}$$

式中：N_{cr}——液化判别标准贯入锤击数临界值；

N_0——液化判别标准贯入锤击数基准值，可按表4-5采用；

d_s——饱和土标准贯入点深度(m)；

d_w——地下水位(m)；

ρ_c——黏粒含量百分率，当小于3或为砂土时，应采用3；

β——调整系数，设计地震第一组取0.80，第二组取0.95，第三组取1.05。

液化判别标准贯入锤击数基准值 N_0　　表4-5

设计基本地震加速度(g)	0.10	0.15	0.20	0.30	0.40
液化判别标准贯入锤击数基准值	7	10	12	16	19

GB 50011—2010第4.3.6条规定，当液化砂土层、粉土层较平坦且均匀时，宜按表4-6选用地基抗液化措施；尚可计入上部结构重力荷载对液化危害的影响，根据液化震陷量的估计适当调整抗液化措施。不宜将未经处理的液化土层作为天然地基持力层。具体的全部消除、部分消除地基液化沉陷的措施及减轻液化影响的基础和上部结构处理的各项措施详见GB 50011—2010第4.3.7~4.3.9条。

抗液化措施　　表4-6

建筑抗震设防类别	地基的液化等级		
	轻微	中等	严重
乙类	部分消除液化沉陷，或对基础和上部结构进行处理	全部消除液化沉陷，或部分消除液化沉陷且对基础和上部结构进行处理	全部消除液化沉陷
丙类	对基础和上部结构进行处理，亦可不采取措施	对基础和上部结构进行处理，或采取更高要求的措施	全部消除液化沉陷，或部分消除液化沉陷且对基础和上部结构进行处理
丁类	可不采取措施	可不采取措施	对基础和上部结构进行处理，或采取其他经济的措施

4.1.4.3 JTG/T B02-01—2008

JTG/T B02-01—2008 的液化初判公式和 GB 50011—2010 相同,复判在液化判别深度(一般要求 20m)和液化判别公式上有所不同,JTG/T B02-01—2008 中的液化复判公式与 GB 50011—2001 中规定相同,预计在即将修订出版的《公路桥梁抗震设计细则》中,液化复判公式将调整为与 GB 50011—2010 一致。

JTG/T B02-01—2008 规定的复判方向介绍如下:当初步判别认为需进一步进行液化判别时,应采用标准贯入试验判别法判别地面下 15m 深度范围内土的液化;当采用桩基或埋深大于 5m 的基础时,还应判别 15 ~ 20m 范围内土的液化。当饱和土标准贯入锤击数(未经杆长修正)小于液化判别标准贯入锤击数临界值 N_{cr}时,应判为液化土。当有成熟经验时,尚可采用其他判别方法。

在地面下 15m 深度范围内,液化判别标准贯入锤击数临界值可按式(4-10)计算:

$$N_{cr} = N_0[0.9 + 0.1(d_s - d_w)]\sqrt{3/\rho_c} \qquad (d_s \leqslant 15) \tag{4-10}$$

在地面下 15 ~ 20m 范围内,液化判别标准贯入锤击数临界值可按式(4-11)计算:

$$N_{cr} = N_0[2.4 - 0.1d_w]\sqrt{3/\rho_c} \qquad (15 < d_s \leqslant 20) \tag{4-11}$$

式中:N_{cr}——液化判别标准贯入锤击数临界值;

N_0——液化判别标准贯入锤击数基准值,应按表 4-7 采用;

d_s——饱和土标准贯入点深度(m);

d_w——地下水位(m);

ρ_c——黏粒含量百分率,当小于 3 或为砂土时,应采用 3。

液化判别标准贯入锤击数基准值 N_0 表 4-7

区划图上的特征周期(s)	7 度	8 度	9 度
0.35	6(8)	10(13)	16
0.4、0.45	8(10)	12(15)	18

JTG/T B02-01—2008 第 4.3.5 条规定,抗液化措施应根据桥梁重要性类别及地基的液化等级按表 4-8 确定。具体的全部消除、部分消除及对基础和上部结构的处理措施详见 JTG/T B02-01—2008 第 4.3.6 ~ 4.3.8 条。

抗 液 化 措 施 表 4-8

桥 梁 分 类	地基的液化等级		
	轻微	中等	严重
A 类、B 类	部分消除液化沉陷,或对基础和上部结构进行处理	全部消除液化沉陷,或部分消除液化沉陷且对基础和上部结构进行处理	全部消除液化沉陷
C 类	对基础和上部结构进行处理,也可不采取措施	对基础和上部结构进行处理,或采取更高要求的措施	全部消除液化沉陷,或部分消除液化沉陷且对基础和上部结构进行处理
D 类	可不采取措施	可不采取措施	对基础和上部结构进行处理,或采取其他经济的措施

4.1.4.4 中欧抗震标准液化判别对比

总体而言,中欧抗震标准对地震液化判别的基本原理均是在 Seed 简化判别法的基础上,结合标准贯入试验,在砂土埋深、地下水埋深、上覆有效应力及标准贯入锤击数等几个影响因素中选取若干个参数来建立判别公式,但仍存在以下区别。

1)上覆有效应力 σ_v' 的影响

在施加剪力之前,循环荷载下土体抗液化的能力依赖于初始有效应力,通常情况下,上覆有效应力越大,土体越不易液化。欧洲标准规定,可直接通过地震剪应力 τ_e 与上覆有效应力 σ_{v0}' 的比值(循环应力比),与经验图表确定值和比例系数 λ 的乘积相比,来确定土体液化的可能性。中国标准则未直接考虑上覆有效应力 σ_v' 对饱和砂土的影响,但计算标准贯入锤击数临界值 N_{cr} 时考虑了上覆土厚度的影响,相当于间接考虑了上覆有效应力 σ_v'。

2)实测标准贯入锤击数 N 的修正

中欧标准都将标准贯入锤击数作为评价抗液化强度的指标,中国标准未考虑对实测标准贯入锤击数 N 的修正,有关地下水位、试验点埋深的影响体现在临界锤击数 N_{cr} 中。欧洲标准则需对实测标准贯入锤击数 N 进行冲击能量、上覆有效应力等方面的修正,将 N 值修正为有效上覆压力为 100kPa 和冲击能与理论自由落体能量的比率为 0.6 时的锤击数 $N_1(60)$。

3)地震作用的影响

地震作用的强度是影响饱和砂土是否发生液化的重要因素。欧洲标准计算地震剪应力 τ_e 时,引入了 A 类场地设计地面加速度 a_g 与重力加速度 g 的比值 α,其中设计地面加速度 a_g 是基于一定震级水平下的,与地震作用的大小有直接关系。中国标准则未直接考虑地面加速度对饱和砂土液化的影响,但通过引入与地震烈度对应的液化判别标准贯入锤击数基准值 N_0,间接考虑了地震作用强度的影响。

4)液化判定的结果不同

中国标准通过计算深度 20m(或 15m)范围内所有可液化土体的液化指数之和,将场地的液化等级细分为轻微、中等及严重三种,以此来说明地震液化对场地稳定性的影响程度,并制定了详细的处理措施。欧洲标准则只要求判定某个试验点或某一地层的液化可能性,对场地整体的液化程度未做定量的判断。

4.1.5 循环荷载作用下的过度沉降

4.1.5.1 EN 1998-5

EN 1998-5 第 4.1.5 条规定,当延伸层或松散厚晶体以及不饱和非黏性材料出现在较浅深度时,应考虑到地基土稠化作用和地震产生的循环应力引起的地基土的过度沉降。地震造成地面长时间震动,也会由于软黏土的抗剪强度降低而出现过度沉降,如有必要应采用有效的岩土工程方法来评估软黏土的密实作用和潜在沉降的影响。如果沉降将影响基础的稳定性,应考虑采用地基加固法。

4.1.5.2 GB 50011—2010

GB 50011—2010 第 4.3.11 条和第 4.3.6 条及其条文说明中分别给出了震陷判别方法和震陷量的计算方法。

1)震陷判别(饱和粉质黏土)

地基中软弱黏性土层的震陷判别,可采用下列方法。饱和粉质黏性土震陷的危害性和抗震陷措施应根据沉降和横向变形大小等因素综合研究确定,8 度(0.30g)和 9 度时,当塑性指数小于 15 且符合式(4-12)规定的饱和粉质黏土时可判为震陷性软土。

$$\begin{cases} w_s \geqslant 0.9 w_L \\ I_L = \dfrac{w_s - w_P}{w_L - w_P} \geqslant 0.75 \end{cases} \tag{4-12}$$

式中：w_s——天然含水率；

w_L——液限含水率，采用液、塑限联合测定法测定；

I_L——液限指数。

2）震陷量计算（饱和砂土、粉土）

当液化砂土层、粉土层较平坦且均匀时，宜按 GB 50011—2010 表4.3.6 选用地基抗液化措施；尚可计入上部结构重力荷载对液化危险的影响，根据液化震陷量的估计适当调整抗液化措施。

GB 50011—2010 第 4.3.6 条条文说明指出，液化的危害主要来自震陷，特别是不均匀震陷。震陷量主要取决于土层的液化程度和上部结构的荷载。由于液化指数不能反映上部结构的荷载影响，因此有趋势直接采用震陷量来评价液化的危害程度。例如，对 4 层以下的民用建筑，当精细计算的平均震陷值 $S_E<5\text{cm}$ 时，可不采取抗液化措施；当 $S_E=5\sim15\text{cm}$ 时，可优先考虑采取结构和基础的构造措施；当 $S_E>15\text{cm}$ 时，需要进行地基处理，基本消除液化震陷；在同样震陷量下，乙类建筑应采取较丙类建筑更高的抗液化措施。

依据实测震陷、振动台试验以及有限元法对一系列典型液化地基计算得出的震陷变化规律，发现震陷量取决于液化土的密度（或承载力）、基底压力、基底宽度、液化层底面和顶面的位置与地震震级等因素，曾提出估计砂土与粉土液化平均震陷量的经验方法。

砂土：
$$S_E=\frac{0.44}{B}\xi S_0\left(d_1^2-d_2^2\right)\left(0.01\rho\right)^{0.6}\left(\frac{1-D_r}{0.5}\right)^{1.5}$$

粉土：
$$S_E=\frac{0.44}{B}\xi kS_0\left(d_1^2-d_2^2\right)\left(0.01\rho\right)^{0.6}$$

式中：S_E——液化震陷量平均值，液化层为多层时，先按各层次分别计算后再相加；

B——基础宽度（m），对住房等密集型基础取建筑平面宽度；当 $B\leqslant0.44d_1$ 时，取 $B=0.44d_1$；

S_0——经验系数，对第一组，7 度、8 度、9 度分别取 0.05、0.15、0.3；

d_1——由地面算起的液化深度（m）；

d_2——由地面算起的上覆非液化土层深度（m），液化层为持力层，取 $d_2=0$；

ρ——宽度为 B 的基础底面地震作用效应标准组合的压力（kPa）；

D_r——砂土相对密度（%），可根据标准贯入锤击数 N 取 $D_r=\left(\frac{N}{0.23\sigma_v'+16}\right)^{0.5}$；

k——与粉土承载力有关的经验系数，当承载力特征值不大于 80kPa 时，取 0.30，当不小于 300kPa 时，取 0.08，其余可内插取值；

ξ——修正系数，直接位于基础下的非液化厚度满足本标准第 4.3.3 条第 3 款对上覆非液化土层厚度 d_u 的要求，$\xi=0$；无非液化层，$\xi=1$；中间情况内插确定。

4.1.6 实例 4-1：中欧标准液化判别结果对比

砂土液化的影响因素主要包括土体的物理特性、初始应力条件、地层岩石构成以及地震动的特性。由于 EN 1998-5 和 GB 50011—2010、JTG/T B02-01—2008 考虑的因素不同，计算公式也不同，下面以一个具体的实例说明按不同标准进行判别时的结果。

1）基本数据

某一场地位于 7 度远震区域（取 $\alpha_{max}=0.15g$，对应设计地震第二组），相当于震级 5.5 级，土质主要为粉土、粉砂，其天然重度 $\gamma=18\text{kN/m}^3$，水下重度 $\gamma'=8\text{kN/m}^3$，地下水位深度 $d_w=0.5\text{m}$。由于为砂土层，黏粒含量 ρ_c 取 3%，细粒含量低于 5%。以该场地的现场钻孔实测数据 $N_{spt}=9$（锤击高度 30cm）为例，分别以欧洲标准和中国标准对该土层进行液化判别并进行对比。

以深度 $z=3.5\text{m}$ 时的情况为例进行计算。

上覆土总应力：$\sigma_v = 63kN$

上覆土有效应力：$\sigma'_v = 33kN$

2）计算过程与结果

（1）EN 1998-1。

按 EN 1998-1 考虑为 D 类场地土，震级为 M_s 时采用 2 型谱，土参数取为 $S = 1.8$。

$\tau_e = 0.65\alpha \cdot S \cdot \sigma_{v0} = 0.65 \times 0.15 \times 1.8 \times 63 = 11.06(kPa)$

标准化有效超应力为：15.7kPa。

查图 4-1 得震级为 $M_s = 7.5$ 时的循环应力：$\tau'_e = 5.61kPa$。

换算为震级为 $M_s = 5.5$ 的循环应力时，按表 4-3 需乘以 CM = 2.86，取 $\lambda = 0.8$，有：

$\tau'_e = 12.84kPa > \tau_e$

因此，该土层液化。

（2）GB 50011—2010。

$\alpha_{max} = 0.15g$，故 $N_0 = 10$，$\beta = 0.95$，因此：

$N_{cr} = N_0\beta[\ln(0.6d_s + 1.5) - 0.1d_w]\sqrt{3/\rho_c} = 11.7 > 9$

因此，该土层液化。

（3）JTG/T B02-01—2008。

第二组时，$N_0 = 8$，$N_{cr} = N_0[0.9 + 0.1(d_s - d_w)]\sqrt{3/\rho_c} = 9.6 > 9$。

因此，该土层液化。

从中欧标准的比较结果可以看出，对于同一土层，得出了相同的结果。

4.2 场地勘查和研究

4.2.1 EN 1998-5

EN 1998-5 第 4.2 节规定，在选址时应当根据施工现场的岩土和地质条件来确定地面类型和反应谱，强调了圆锥贯入试验和孔隙水压力测量的必要性。

4.2.2 GB 50011—2010

GB 50011—2010 第 4.1.3 条对如何测定等效剪切波速进行了规定，土层剪切波速的测量应符合下列要求：

（1）在场地初步勘察阶段，对大面积的同一地质单元，测试土层剪切波速的钻孔数量不宜少于 3 个。

（2）在场地详细勘察阶段，对单幢建筑，测试土层剪切波速的钻孔数量不宜少于 2 个，测试数据变化较大时，可适量增加；对小区中处于同一地质单元内的密集建筑群，测试土层剪切波速的钻孔数量可适量减少，但每幢高层建筑和大跨空间结构的钻孔数量均不得少于 1 个。

（3）对丁类建筑及丙类建筑中层数不超过 10 层、高度不超过 24m 的多层建筑，当无实测剪切波速时，可根据岩土名称和性状，按 GB 50011—2010 表 4.1.3 划分土的类型，再利用当地经验在 GB 50011—2010 表 4.1.3 的剪切波速范围内估算各土层的剪切波速。

4.2.3 JTG/T B02-01—2008

JTG/T B02-01—2008 第 4.1.5 条对如何测定等效剪切波速进行了规定，桥梁工程场地土层剪切波速按下列要求确定：

(1)A 类桥梁,由工程场地地震安全性评价工作确定。

(2)B 类桥梁,可通过现场实测确定。现场实测时钻孔数量应满足如下要求:中桥不少于 1 个,大桥不少于 2 个,特大桥宜适当增加。

(3)C 类和 D 类桥梁,当无实测剪切波速时,可根据岩土名称和性状按 JTG/T B02-01—2008 表4.1.5 划分土的类型,并结合当地的经验,在 JTG/T B02-01—2008 范围内估计各土层的剪切波速。

通过比较可以看出,EN 1998-5 对等效剪切波速测定的规定不太具体,GB 50011—2010 和 JTG/T B02-01 –2008 的规定则较为详尽。

4.2.4 实例 4-2:中欧标准场地类别判别结果对比

问题描述和基本数据:

意大利某城市北部的某场地,场地覆盖土层属于第四纪沉积物,且厚度很大,该区域属于低烈度设防区,但是工程项目投资巨大,根据 EN 1998-5 第 3.1.2 条选择地震作用时需要对场地类别进行精确判别。判别数据如图 4-3 所示。

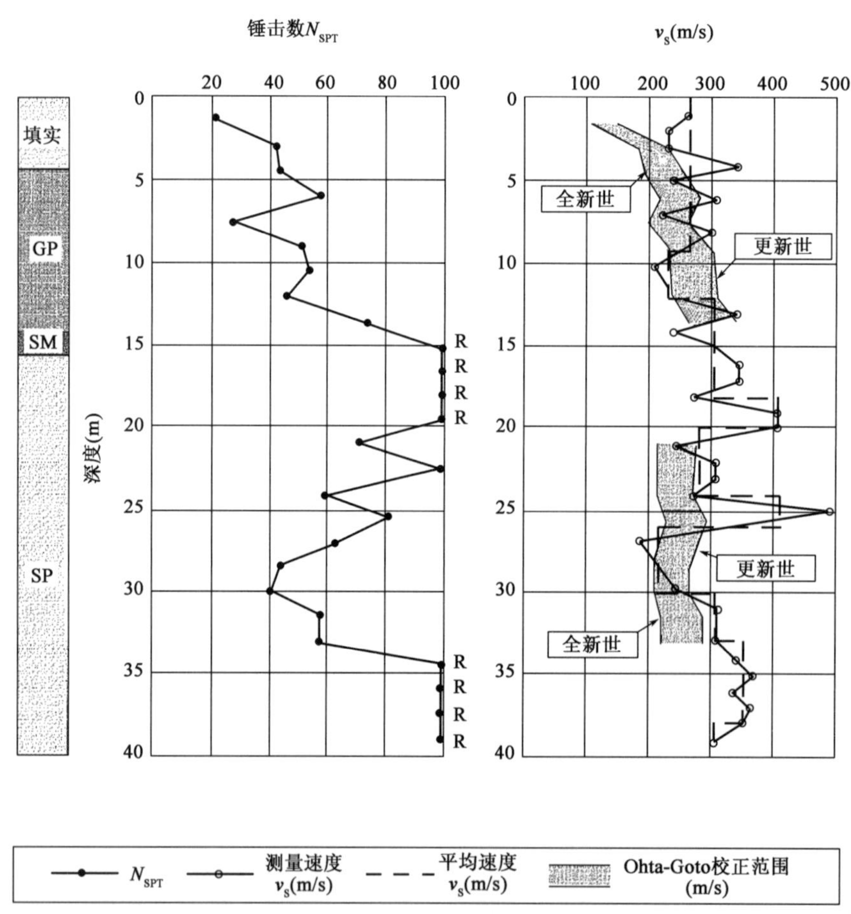

图 4-3 某深冲积层场地类型判别数据

注:图中从左到右依次为:土层剖面(未统一土层类型),SPT 剖面,通过钻孔法确定的 v_s 和按 EN 1998-5 设计指南式(D10.22)确定的 v_s。

(1)EN 1998-5。

定量的判别程序以表格的形式完成,见表 4-9。土层 30m 时 S 波的传播时间累加为0.111s,根据 EN 1998-5 设计指南中式(D3.1)得到土层加权平均速度值为 $v_{s,30}=30/0.111=270\text{m/s}$,根据 EN 1998-1 表 3.1,场地被归为C 类。

地 层 数 据 表 4-9

从地表算起的土层深度(m)	层厚 h_i(m)	第 i 层平均剪切波速(m/s)	第 i 层中 S 波传播时间 $t_i = h_i/v_{sj}$(s)
0.0~9.2	9.2	264	0.035
9.2~12.1	2.9	229	0.013
12.1~18.2	6.1	304	0.020
18.2~20.1	1.9	408	0.005
20.1~24.1	4.0	281	0.014
24.1~26.0	1.9	408	0.005
26.0~30.0	4.0	213	0.019

值得注意的是：

①为简便计算，30m 地层深度从地表算起，而不是从基础底部位置算起。

②EN 1998-1 表 3-1 中的地层分层是基于 v_s 值的显著变化，而不是地层的剖面描述。

③既然在 30m 深度范围内，2/3 的 N_{SPT}值超过 50，场地类型判别几乎完全基于贯入抗力，那么根据 EN 1998-1 表 3.1，场地更可能划为 B 类。但是，按 EN 1998-5 设计指南中式(10.22)计算的 v_s 值更倾向于 C 类，如图 4-3 所示。

(2)GB 50011—2010。

根据图 4-3 中的右图，场地覆盖层厚度大于 40m，则计算深度取 $d_0 = 20\text{m}$，则：

$$t = \sum_{i=1}^{n}(d_i/v_{si}) = \frac{9.2}{264} + \frac{2.9}{229} + \frac{6.1}{304} + \frac{1.8}{408} = 0.072$$

$$v_{se} = d_0/t = 20/0.072 = 277.82(\text{m/s})$$

根据 GB 50011—2010 第 4.1.6 条，场地类别为Ⅱ类。

JTG B02—2013 和 JTG/T B02-01—2008 中未提及场地类别划分依据，本实例依据 GB 50011—2010 第 4.1.6 条将场地类别划分为Ⅱ类。

中欧抗震标准对场地类型的划分方法类似，都将等效剪切波速作为主要指标，但中国标准等效剪切波速计算深度取覆盖层厚度 H 和 20m 两者中的较小值，而欧洲标准则将计算深度取为定值，即 30m。通常情况下，场地土覆盖层越厚，设计反应谱的特征周期越长，欧洲标准取计算深度为 30m，可认为不需要考虑不同覆盖土层厚度的影响。

4.3 本章小结

通过对比中欧抗震标准关于接近地震活跃断层、边坡稳定性、液化和循环荷载下的过度沉降等内容的相关规定。可得出以下结论：

(1)总体上讲，欧洲标准场地分类的要求和类别比中国标准要细致一些，从提高抗震设防效果的要求出发，场地分类的划分应该越细越好，但由于目前使用的由场地类别确定的场地相关反应谱还很难与预期值相适应，加上诸如震源机制等其他因素的影响，可能掩盖由于场地条件造成的反应谱形状的差异，在这种情况下，过细的分档和连续化的划分意义也不是太大。

(2)中欧抗震标准对地震液化判别的基本原理类似，但计算方法有差异，中国标准液化判定的结果较欧洲标准要求更为细致。

第 5 章 基础系统

5.1 一般规定

EN 1998-5 第 5.1 节规定,在地震设防区,除了满足 EN 1997-1:2004 的规定外,结构基础还必须满足以下要求:

(1)上部结构的有关荷载应传入地面而不产生较大的永久变形;

(2)地震诱发的地面变形应符合结构的基本功能要求;

(3)基础的设计与施工应满足本章 5.2 节的概念设计要求以及 5.4 节的最小承载力要求。

应同时考虑与应变有关的土层的动力特性和循环地震荷载的影响,如果现场土易于液化或密实而必须加强或更换,则应考虑现场加强的或更换的土的特性。

5.2 概念设计规定

EN 1998-5 第 5.2 节规定,在选择基础类型时,应考虑以下几点:

(1)基础应具有足够的刚度,从而确保上部结构的作用均匀传入地面;

(2)在选择基础水平刚度时,应考虑其竖向构件之间的相对水平位移的影响;

(3)地震运动振幅随深度减小的假定应通过适当的研究来证明,且在任何情况下都不得对应于一个低于乘积 $\alpha \cdot S$ 的某一分数 p 的峰值加速度。有关某一国家所使用 p 的取值,可查阅该国的国家附录,p 值的推荐值为 0.65。

GB 50011—2010 第 3.3.4 条规定,地基和基础设计应符合下列要求:同一结构单元的基础不宜设置在性质截然不同的地基上。对同一结构单元,不宜部分采用天然地基、部分采用桩基;当采用不同基础类型或基础埋深显著不同时,应根据地震时两部分地基基础的沉降差异,在基础、上部结构的相关部位采取相应措施。对同一结构单元,不宜部分采用天然地基、部分采用桩基的要求,一般情况执行没有困难。在高层建筑中,当在主楼和裙楼不分缝的情况下难以满足时,需仔细分析不同地基在地震下变形的差异及上部结构各部分地震反应差异的影响,采取相应措施。

当地基为软弱黏性土、液化土、新近填土或严重不均匀土时,应根据地震时地基不均匀沉降和其他不利影响,采取相应措施。

JTG/T B02-01—2008 没有类似的规定。

5.3 设计作用效应

5.3.1 结构设计的依赖性

EN 1998-5 第 5.3.1 条对耗能结构和非耗能结构的基础作用效应的考虑方法进行了规定、对于耗能结构,要基于能力保护设计并考虑可能的超载;对于非耗能结构,其基础作用效应应基于地震设计条件下的分析,不考虑能力保护设计。

JTG/T B02-01—2008 没有类似的规定。

5.3.2 基础荷载效应传递

EN 1998-5 第 5.3.2 条对基础系统向地面传递水平力和法向力/弯矩的准则进行了详细的规定。第 5.3.2(2) 条规定了水平力的三种传递准则:①通过基础的水平基底之间或基础底板和地面之间的设计剪切承载力 F_{Rd} 传递;②通过基础和地基竖向接触面之间的设计剪切承载力传递;③在 EN 1998-5 第 5.4.1.1 条、第 5.4.1.3 条和第 5.4.2 条所述的限制条件下,通过作用在基础上的设计土压承载力传递。第 5.3.2(3) 条规定允许组合被动土压力的最大值的 30%。第 5.3.2(4) 条规定法向力和弯矩的传递方式。

JTG/T B02-01—2008 没有类似的规定。

5.4 验算和尺寸拟定原则

5.4.1 浅基础

5.4.1.1 EN 1998-5

EN 1998-5 第 5.4.1.1 条对扩展基础的失效考虑了两种情况:一种是基础地面高于地下水位的滑动失效;另一种是承载能力失效,并在 EN 1998-5 附录 F 中予以补充。

地下水位以上的扩展基础的设计摩阻力 F_{Rd} 为:

$$F_{Rd} = N_{Ed}\frac{\tan\delta}{\gamma_d} \tag{5-1}$$

式中:N_{Ed}——水平基底的设计法向力;

δ——扩展基础基底的结构-地面接触面上的摩擦角;

γ_d——材料的分项系数。

为了保证不发生滑动失效,验算公式如下:

$$V_{Ed} \leqslant F_{Rd} + E_{pd} \tag{5-2}$$

式中:V_{Ed}——设计水平剪力;

E_{pd}——由被动土压力引起的基脚一侧的侧向承载力。

承载力失效的验算,要结合施加作用效应 N_{Ed}、V_{Ed} 和 M_{Ed} 对基础的承载力进行验算。并考虑敏感性黏土的剪切强度退化、机构的强度和刚度退化、循环荷载作用下的孔隙水压力的上升等因素对浅基础承载力验算的影响。

EN 1998-5 第 5.4.1.2 条、第 5.4.1.3 条和第 5.4.1.4 条分别规定了基础水平连接件、筏基础和箱形基础的验算细则。

5.4.1.2 GB 50011—2010

GB 50011—2010 对滑动失效无相关规定,但在第 4.2.1 条规定了可不进行天然地基及基础的抗震承载力验算的建筑。同时,第4.2.2条规定天然地基基础抗震验算时,应采用地震作用效应标准组合,且地基抗震承载力应取地基承载力特征值乘以地基抗震承载力调整系数计算。

地基抗震承载力按式(5-3)计算:

$$F_{aE}=\xi_a f_a \tag{5-3}$$

式中:F_{aE}——调整后的地基抗震承载力;

ξ_a——地基抗震承载力调整系数,应按表5-1(引自GB 50011—2010表4.2.3)采用;

f_a——深宽修正后的地基承载力特征值,应按现行国家标准《建筑地基基础设计规范》(GB 50007)采用。

地基抗震承载力调整系数 表5-1

岩土名称和性状	ξ_a
岩石,密实的碎石土,密实的砾、粗、中砂,$f_{ak}\geq300$的黏性土和粉土	1.5
中密、稍密的碎石土,中密和稍密的砾、粗、中砂,密实和中密的细、粉砂,150kPa$\leq f_{ak}<$300kPa的黏性土和粉土,坚硬黄土	1.3
稍密的细、粉砂,100kPa$\leq f_{ak}<$150kPa的黏性土和粉土,可塑黄土	1.1
淤泥,淤泥质土,松散的砂,杂填土,新近堆积黄土及流塑黄土	1.0

第4.2.4条规定,验算天然地基地震作用下的竖向承载力时,按地震作用效应标准组合的基础底面平均压力和边缘最大压力应符合下列各式要求,高宽比大于4的高层建筑,在地震作用下基础底面不宜出现脱离区(零应力区);其他建筑,基础底面与地基土之间脱离区(零应力区)面积不应超过基础底面面积的15%。

$$p<f_{aE} \tag{5-4}$$

$$p_{max}<1.2f_{aE} \tag{5-5}$$

式中:p——地震作用效应标准组合的基础底面平均压力;

p_{max}——地震作用效应标准组合的基础边缘的最大压力。

GB 50011—2010规定地基抗震承载力调整系数主要考虑两个因素:①除十分软弱的土外,大多数土的动强度都比静强度高;②考虑到地震作用是一种偶然作用,历时短暂,所以地基在地震作用下的可靠度要求比静力作用时降低。这样,地基土抗震承载力,除十分软弱的土外,都较地基土静承载力高。

5.4.1.3 JTG B02—2013

JTG B02—2013第4.2.2~4.2.4条对天然地基抗震承载力的验算进行了规定,抗震验算内容与GB 50011—2010内容相同,详见本章5.4.1.2节。其中f_a为深度和宽度修正后的地基承载力容许值,按《公路桥涵地基与基础设计规范》(JTG D63—2007)的规定取值。

在确定地基抗震容许承载力调整系数时需注意:液化土层及以上土层的地基承载力不应按表5-1的规定提高。在计算液化土层以下地基承载力时,应计入液化土层及以上土层重力。

JTG/T B02-01—2008仅在第4.2.2条给出了地基抗震承载力容许值的计算方法,未具体规定天然地基抗震验算方法,基本规定同GB 50011—2010和JTG B02—2013。

5.4.2 桩和桥墩

由于地震作用属于偶然的瞬时荷载,地基土在瞬时荷载作用下,可以取用较高的容许承载力。世界上大多数国家的抗震标准和中国相关标准,在验算地基的抗震强度时,对于抗震容许承载力的取值,大都采用在静力设计容许承载力的基础上乘以调整系数的方法来确定。

5.4.2.1 EN 1998-5

EN 1998-5第5.4.2条规定,桩与桥墩的抗震设计必须能够抵抗来自上部结构的惯性力和地震波通过时周围土层由于变形产生的动力；可以忽略土层液化和强度退化引起的侧向阻力；如果要使用斜桩，其设计必须能够安全承受轴力和弯矩。

只有当以下两种情形同时出现时才计算动力相互作用产生的弯矩：

(1)场地类型为 D、S_1 或 S_2，并且包含完全不同刚度的连续层。

(2)中等或者强震地区，即 $\alpha_g \cdot S$ 的值超过 $0.1g$，且结构的重要性类别为Ⅲ或Ⅳ类。

欧洲标准原则上规定，桩的设计应保持为弹性，但是有时允许桩头位置出现塑性铰，具体参照 EN 1998-1 第 5.8.4 条的相关规定。

5.4.2.2 GB 50011—2010

桩基抗震性能一般比同类结构的天然地基要好，GB 50011—2010 第 4.4.1 条规定了桩基不验算范围，对于承受竖向荷载为主的低承台桩基，当地面下无液化土层且桩承台周围无淤泥、淤泥质土和地基承载力特征值不大于 100kPa 的填土时，部分建筑可不进行桩基抗震承载力验算，具体参见第 4.4.1 条。

非液化土中低承台桩基的抗震验算，应符合下列规定：单桩的竖向和水平向抗震承载力特征值，可均比非抗震设计时提高 25%；当承台周围的回填土夯实至干密度不小于现行国家标准《建筑地基基础设计规范》(GB 50007)对填土的要求时，可由承台正面填土与桩共同承担水平地震作用，但不应计入承台底面与地基土间的摩擦力。

存在液化土层的低承台桩基抗震验算，应符合下列规定：承台埋深较浅时，不宜计入承台周围土的抗力或刚性地坪对水平地震作用的分担作用。当桩承台底面上、下分别有厚度不小于 1.5m、1.0m 的非液化土层或非软弱土层时，可按下列两种情况进行桩的抗震验算，并按不利情况设计：

(1)桩承受全部地震作用，桩承载力按 GB 50011—2010 第 4.4.2 条取用，桩承载力比非抗震设计时提高 25%，液化土的桩周摩阻力及桩水平抗力均应乘以表 5-2 的折减系数。

土层液化影响折减系数 表 5-2

实际标准贯入锤击数/临界标准贯入锤击数	深度 d_0(m)	折减系数
≤0.6	$d_0 \leq 10$	0
	$10 < d_0 \leq 20$	1/3
>0.6～0.8	$d_0 \leq 10$	1/3
	$10 < d_0 \leq 20$	2/3
>0.8～1～0	$d_0 \leq 10$	2/3
	$10 < d_0 \leq 20$	1

(2)地震作用按水平地震影响系数最大值的 10% 采用，桩承载力仍按抗震规范 GB 50011—2010第 4.4.2 条第 1 款取用，但应扣除液化土层的全部摩阻力及桩承台下 2m 深度范围内非液化土的桩周摩阻力。

需要注意的是：①本条按不利情况设计不是指简单地取上述两种计算出来的抗震承载力中的较小值，而应按两种不同的地震作用分别验算地震承载力，按安全系数小的不利情况设计；②当承台底面上、下非液化土层厚度小于以上规定时，可取土层液化影响系数为 0。

(3)打入式预制桩及其他挤土桩，当平均桩距为 2.5～4 倍桩径且桩数不少于 5×5 时，可计入打桩对土的加密作用及桩身对液化土变形限制的有利影响。当打桩后桩间土的标准贯入锤击数值达到不液化的要求时，单桩承载力可不折减，但对桩尖持力层做强度校核时，桩群外侧的应力扩散角应取为零。打桩后桩间土的标准贯入锤击数宜由试验确定，也可按式(5-6)计算：

$$N_1 = N_\rho + 100\rho(1 - e^{-0.3N_\rho}) \tag{5-6}$$

式中：N_1——打桩后的标准贯入锤击数；

ρ——打入式预制桩的面积置换率；

N_ρ——打桩前的标准贯入锤击数。

5.4.2.3 JTG B02—2013

JTG B02—2013 第4.4.1条和第4.4.2条对桩基础的抗震承载力验算进行了规定：

(1)非液化地基的桩基，进行抗震验算时，柱桩的地基抗震容许承载力调整系数可取1.5，摩擦桩的地基抗震容许承载力调整系数可根据地基土类别按本标准表4.2.2取值。采用荷载试验确定单桩竖向承载力时，单桩竖向承载力可提高50%，桩基的单桩水平承载力可提高25%。

(2)地基内有液化土层时，液化土层的承载力(包括桩侧摩阻力)、土抗力(地基系数)、内摩擦角和黏聚力等应按表5-3进行折减。表5-3中液化抵抗系数 C_e 值应按式(5-7)计算确定：

土层液化影响折减系数 表5-3

C_e	深度 d_s(m)	折减系数
$C_e \leq 0.6$	$d_s \leq 10$	0
	$10 < d_s \leq 20$	1/3
$0.6 < C_e \leq 0.8$	$d_s \leq 10$	1/3
	$10 < d_s \leq 20$	2/3
$0.8 < C_e \leq 1.0$	$d_s \leq 10$	2/3
	$10 < d_s \leq 20$	1

$$C_e = \frac{N_1}{N_{cr}} \tag{5-7}$$

式中：C_e——液化抵抗系数；

N_1——实际标准贯入锤击数；

N_{cr}——经修正的液化判别标准贯入锤击数临界值。

表5-3中液化影响折减系数的取值与GB 50011—2010相同。

5.4.2.4 JTG/T B02-01—2008

地基抗震验算时，应采用地震作用效应与永久作用效应组合，JTG/T B02-01—2008第4.2.3条规定，柱桩的地基抗震容许承载力调整系数可取1.5，摩擦桩的地基抗震容许承载力调整系数可根据地基土类别按表5-4取值(参见JTG/T B02-01—2008表4.2.3)，表5-4与表5-1(参见GB 50011—2010表4.2.3)基本相同。

地基土抗震承载力调整系数 表5-4

岩土名称和性状	K
岩石，密实的碎石土，密实的砾、粗(中)砂，$f_{ak} \geq 300$ 的黏性土和粉土	1.5
中密、稍密的碎石土，中密和稍密的砾、粗(中)砂，密实和中密的细、粉砂，150kPa $\leq f_{ak} <$ 300kPa 的黏性土和粉土，坚硬黄土	1.3
稍密的细、粉砂，100kPa $\leq f_{ak} <$ 150kPa 的黏性土和粉土，可塑黄土	1.1
淤泥，淤泥质土，松散的砂，杂填土，新近堆积黄土及流塑黄土	1.0

5.4.3 实例5-1：中欧标准高架桥墩浅基础的承载力破坏验算结果对比

1)问题描述

某高架桥较大的浅基础，位于意大利北部，2004年施工的Milano和Torino之间的高速铁路线下，试验算其承载力破坏。基础尺寸如图5-1所示。

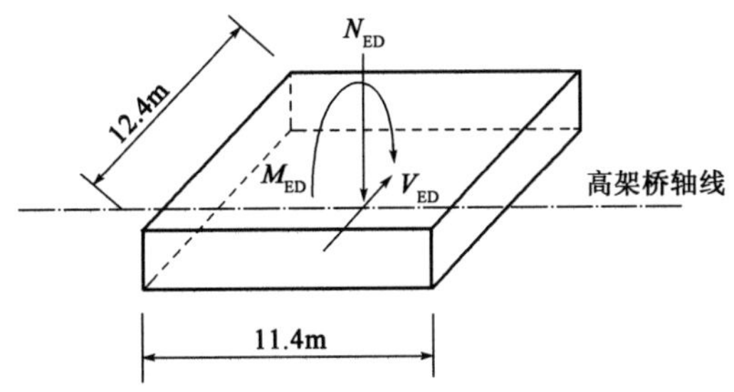

图5-1 高架桥墩浅基础几何尺寸与作用力

平面尺寸:11.4m×12.4m;基底高程:+186.85m. a. s. l;地面高程:+191.15m. a. s. l;基础厚:2.5m;设计深度范围内的土层剖面见表5-5。

设计深度范围内的土层剖面　　表5-5

距地表深度(m)	材　料	重度(kN/m³)	内摩擦角 φ(°)	不排水剪切强度(kN/m³)
0~14	砾石	20.5	38	0
>14	砾砂	19.5	37	0

作用于基础最大的不利荷载组合(源于高架桥结构分析)为 $N_{Ed}=37550\text{kN}$,$V_{Ed}=2368\text{kN}$,$M_{Ed}=56341\text{kN}\cdot\text{m}$。

按如下条件确定地震作用:已知建设场地位于低地震烈度(按现有的意大利分区为4级),坚硬地层设计加速度为 $a_{gR}=0.05g$ 的区域,场地类型为B类(密至致密砂和砂砾层),假设场地的地震系数 $S=1.25$(现有的意大利标准使用的土的系数值与EN 1998略有不同),为给出统一的系数,设计场地加速度 $a_gS=0.05\times1.25=0.0625g$。

2)承载力验算

(1)EN 1998-5。

根据EN 1998-5式(F.6),在垂直中心荷载作用下,单位长度条形基础极限承载力 N_{max} 为:

$$N_{max}=\frac{1}{2}\rho g\left(1\pm\frac{a_v}{g}\right)B^2N_r \tag{5-8}$$

式中:a_v——垂直地层加速度,$a_v=0.5a_gS=0.03125g$;

N_r——承载力系数,按下式计算:

$$N_r=2\left[\tan^2\left(45°+\frac{\phi'_d}{2}\right)e^{\pi\tan\phi'_d}+1\right]\tan\phi'_d=30.21$$

式中,内摩擦角 ϕ'_d 的设计值由下式计算:

$\phi'_d=\tan^{-1}(\tan\phi'/\gamma_M)=32°$,$B=12.4\text{m}$,$\rho g=20.5\text{kN/m}^3$。

将上述值代入式(5-8)得:

$$N_{max}=\frac{1}{2}\times20.5\times(1\pm0.03125)\times12.4^2\times30.21=49100/46124(\text{kN/m})$$

考虑基础的实际长度,使用较小值,总承载力为:

$$N_{max,tot}=46124\times12.4=571938(\text{kN})$$

对于中密至密砂,EN 1998-5附录F的表F.2中 $\gamma_{Rd}=1.0$。因此,代入EN 1998-5式(F.2)得:

$$\overline{N}=\frac{\gamma_{Rd}N_{Ed}}{N_{max,tot}}=\frac{37550}{571938}=0.06565$$

对于完全无黏性的土,由EN 1998-5式(F.7)给出无量纲惯性力:

$$\overline{F}=\frac{a_{g}S}{g\tan\phi'_{d}}=\frac{0.05\times1.25}{\tan32°}=0.10$$

$\overline{N}$的值满足 EN 1998-5 附录 F 中式(F.8)的要求:

$$0<\overline{N}\leqslant(1-m\overline{F})^{k'}=(1-0.96\times0.10)^{0.39}=0.9614$$

更进一步:

$$\overline{V}=\frac{\gamma_{Rd}V_{Ed}}{N_{max,tot}}=\frac{2368}{571938}=0.00414$$

$$\overline{M}=\frac{\gamma_{Rd}M_{Ed}}{BN_{max,tot}}=\frac{35641}{12.4\times571938}=0.00503$$

将上述所有值和近似数值参数代入 EN 1998-5 式(F.1)得:

$$\frac{(1-0.41\times0.08)^{1.14}(2.90\times0.00414)}{(0.06565)^{0.92}[(1-0.96\times0.08)^{0.39}-0.06565]^{1.25}}+\frac{(1-0.32\times0.08)^{1.01}\times(2.80\times0.00503)^{1.01}}{(0.06565)^{0.92}[(1-0.96\times0.08)^{0.39}-0.06565]^{1.25}}-1\leqslant0$$

由于左侧等于 -0.66,不等式成立,承载力安全有较大的裕度。

(2)中国标准。

已知:$N_{Ed}=37550\text{kN}$,$V_{Ed}=2368\text{kN}$,$M_{Ed}=56341\text{kN}\cdot\text{m}$,基础厚度 $d=2.5\text{m}$,基础埋深 $h=191.15-186.85=4.3(\text{m})$。则由水平剪力 V_{Ed}引起的弯矩 M_V 为:

$$M_V=2368\times2.5=5920(\text{kN}\cdot\text{m})$$

总弯矩:

$$M=M_{Ed}+M_V=56341+5920=62261(\text{kN}\cdot\text{m})$$

偏心距 e:

$$e=M/N_{Ed}=62261/37550=1.658\text{m}\ \frac{b}{6}<\frac{11.4}{6}=1.9(\text{m})$$

可求得基底最大压应力 p_{max}:

$$p_{max}=\frac{F_k}{A}+\frac{M_k}{W}=\frac{2368/1.2}{11.4\times12}+\frac{62261/1.2}{\frac{11.4\times12^2}{6}}=204(\text{kPa})$$

地基土承载力特征值f_a 按照 GB 50007—2011 式(5.2.5)估算(严格意义上讲,本实例基本条件不满足小偏心验算的条件,本实例主要为获得估算结果)。

根据已知参数,基础埋置深度内摩擦角标准值 $\varphi_k=38°$,查 GB 50007—2011 表 5.2.5 得:$M_b=5.00$,$M_d=9.44$。估算f_a:

$$f_a=M_b\gamma b+M_d\gamma_m d=5\times20.1\times11.4+9.44\times20\times4.5=1995.3(\text{kPa})$$

可得:$p_{max}<1.2f_a$,承载力有较大裕度。

可见,中欧标准虽然地基承载力抗震验算方法不同,但验算结论相同。

5.5 本章小结

本章主要对 EN 1998-5 和 GB 50011—2010、JTG/T B02-01—2008 的基础体系抗震验算进行对比分析,主要包括概念设计原则、设计作用效应和验算方面的准则。EN 1998-5 由于考虑了欧盟各国地震差异性的统一化标准,专门针对岩土抗震设计做出了相应规定,因此对岩土工程抗震设计的要求、标准和规则方面较中国的抗震设计标准全面且细致。GB 50011—2010 和 JTG/T B02-01—2008 则相对简单。

第6章 土与结构的相互作用

6.1 欧洲标准

EN 1998-5 第 6 章规定,在地震作用下,以下情况需要考虑土与结构的动力相互作用:

(1)结构中的 P-δ(二阶)效应发挥重要作用时。

(2)有大体积基础或深基础的结构,如桥墩、近海沉井和筒仓等。

(3)细长高大的结构,如 EN 1998-6:2004 所述的塔、烟囱等。

(4)位于平均剪切波速 $v_{s,max}$ 小于 100m/s 的非常软弱土层上的结构,如场地类型为 S_1 的土层。

而对于所有结构,必须根据 EN 1998-5 第 5.4.2 条的相关规定考虑桩上土与结构的相互作用效应。

6.2 中国标准

6.2.1 GB 50011—2010

GB 50011—2010 第 5.2.7 条规定,结构抗震计算,一般情况下可不计入地基与结构相互作用的影响;8 度和 9 度时建造于Ⅲ、Ⅳ类场地,采用箱基、刚性较好的筏基和桩箱联合基础的钢筋混凝土高层建筑,当结构基本自振周期处于特征周期的 1.2 倍至 5 倍范围时,若计入地基与结构动力相互作用的影响,对刚性地基假定计算的水平地震剪力可按下列规定折减,其层间变形可按折减后的楼层剪力计算。

(1)高宽比小于 3 的结构,各楼层水平地震剪力的折减系数,可按式(6-1)[引自 GB 50011—2010式(5.2.7)]计算:

$$\psi = \left(\frac{T_1}{T_1 + \Delta T}\right)^{0.9} \tag{6-1}$$

式中:ψ——计入地基与结构动力相互作用后的地震剪力折减系数;

T_1——按刚性地基假定确定的结构基本自振周期(s);

ΔT——计入地基与结构动力相互作用的附加周期(s),可按表 6-1 采用。

(2)高宽比不小于 3 的结构,底部的地震剪力按上述(1)规定折减,顶部不折减,中间各层按线性插入值折减。

(3)折减后各楼层的水平地震剪力,应符合 GB 50011—2010 第5.2.5 条的规定。

附加周期(单位:s)　　表6-1

烈　度	场地类别	
	Ⅲ类	Ⅳ类
8	0.08	0.20
9	0.10	0.25

由于地基和结构动力相互作用的影响,按刚性地基分析的水平地震作用在一定范围内有明显的折减。考虑到中国的地震作用取值与国外相比较小,故仅在必要时才利用这一折减。研究表明,水平地震作用的折减系数主要与场地条件、结构自振周期、上部结构和地基的阻尼特性等因素有关,柔性地基上的建筑结构的折减系数随结构周期的增大而减小,结构刚度越大,水平地震作用的折减量越大。研究还表明,折减量与上部结构的刚度有关。同样高度的框架结构,其刚度明显小于剪力墙结构,水平地震作用的折减量也减小,当地震作用很小时不宜再考虑水平地震作用的折减。据此规定了可考虑地基与结构动力相互作用的结构自振周期的范围和折减量。

另外,对于高宽比较大的高层建筑,考虑地基与结构动力相互作用后水平地震作用的折减系数并非各楼层均为同一常数,由于高阶振型的影响,结构顶部几层的水平地震作用一般不宜折减。大量计算分析表明,折减系数沿楼层高度的变化较符合抛物线形分布。GB 50011—2010 第5.2.7(2)条提供了建筑顶部和底部的折减系数的计算公式,对于中间楼层,采用高度线性插值方法计算折减系数。

6.2.2 JTG/T B02-01—2008

JTG/T B02-01—2008 第6.3.8 条规定,建立桥梁抗震分析模型应考虑桩与土的共同作用,桩与土的共同作用可用等代土弹簧模拟,等代土弹簧的刚度可采用表征土介质弹性值的参数 m 来计算。

桥梁的下部结构处理通常为桥墩支承在刚性承台上,承台下采用群桩布置。因此,地震作用下桥墩边界应是弹性约束,而不是刚性固结。对桩基边界条件进行精确模拟涉及复杂的桩土相互作用问题。但分析表明,对于桥梁结构本身的分析问题,只要对边界做适当的模拟就能得到较满意的结果。考虑桩基边界条件最常用的处理方法是用承台底六个自由度的弹簧刚度模拟桩与土的相互作用(图6-1),这六个弹簧刚度为竖向刚度、顺桥向和横桥向的抗推刚度、绕竖轴的抗转动刚度和绕两个水平轴的抗转动刚度。它们的计算方法与静力计算相同,不同的仅是土的抗力取值比静力的大,一般取 $m_{动}=(2\sim3)m_{静}$。

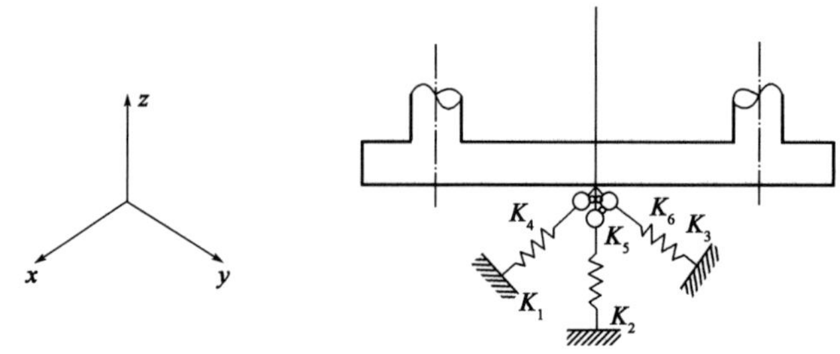

图6-1　JTG B02-01—2008 中考虑桩与土共同作用的边界单元

注:K_1、K_2、K_3 分别为 x、y、z 方向上的拉压弹簧,K_4、K_5、K_6 分别为 x、y、z 方向上的转动弹簧。

6.3 本章小结

在土与结构的相互作用方面,EN 1998-5 首先规定了需要考虑土与结构相互作用的情况,然后指定了考虑的实施原则,总体比较笼统,较难实施,而 GB 50011—2010 和 JTG/T B02-01—2008 在此方面进行了量化处理,实施起来相对简单。GB 50011—2010 引入水平地震剪力的折减系数,JTG/T B02-01—2008 则将桩与土的相互作用用等代土弹簧来模拟。

第7章 挡土结构

在地震作用过程中,挡土墙遭到破坏非常常见。强度不一的地震可能会导致挡土墙结构变形、局部破坏甚至坍塌。历史上,国内外的许多地震灾害中由于地震引发的挡土墙破坏事例屡见不鲜,造成了很大的经济损失。在大多数情况下,挡土墙将发生侧向移动、倾覆、沉降或者完全倒塌。由于地震的破坏性及诸多因素的难以确定性,一些标准规定在设防烈度为7度及以上的地区需校核挡土墙在地震作用下的稳定性。挡土墙的抗震设计也是岩土地震工程中重要的课题之一,因此应当引起足够的重视。

挡土墙在地震期间很容易发生移动和变形,出于安全和经济的考虑,基于位移的挡土墙抗震设计方法目前已在多个国家的抗震标准中体现,许多研究表明基于位移的挡土墙抗震设计方法比基于力的抗震设计方法更能体现地震期间挡土墙的抗震性能,应当更好地用于挡土墙的抗震设计。

EN 1998-5 详细介绍了有关基础、挡土结构和岩土工程方面的抗震设计方法,这也是第一个把位移法引入挡土墙抗震设计的标准。由于 GB 50011—2010 和 JTG/T B02-01—2008 在挡土结构抗震方面均无专门规定,本章将 EN 1998-5 第7章和 JTG B02—2013 中的挡土结构部分进行了对比。

7.1 一般规定

7.1.1 EN 1998-5

EN 1998-5 第7.1条规定,挡土结构的设计应保证其在地震作用过程中以及地震作用后均具有良好的工作性能,并且不会遭到重大的结构性破坏。另外,由于地基的不可逆变形引起的倾斜性永久变形,在满足功能和美学要求的前提下是可以接受的。

7.1.2 JTG B02—2013

JTG B02—2013 第3.2.1条规定,除桥梁外的其他公路工程构筑物抗震设防目标应为:

(1)高速公路、一级公路及二级公路的工程构筑物,在 E1 地震作用时,位于抗震有利地段的,经一般整修即可正常使用;位于抗震不利地段的,经短期抢修即可恢复使用;位于抗震危险地段的挡土墙、隧道等重要构筑物不发生严重破坏。

(2)三级公路、四级公路工程构筑物,在 E1 地震作用时,位于抗震有利地段的,经短期抢修即可恢复使用;位于抗震不利地段的挡土墙、隧道等重要构筑物不发生严重破坏。

在验算挡土墙的抗震强度和稳定性时，只考虑垂直路线走向的水平地震荷载。地震荷载应与结构重力、土的重力和水的浮力相结合，其他荷载均不考虑。

7.2 选择和一般设计考虑

7.2.1 EN 1998-5

EN 1998-5 第 7.2 条对结构类型的选择和挡土结构后的回填土进行了下列简单的规定：

(1)应根据正常使用情况选择结构类型，并应符合 EN 1997-1:2004 第 9 章的有关规定。

(2)应充分注意到的一个情况是：为满足其他抗震要求对挡土结构类型进行调整后的挡土结构类型更优。

(3)要求选定的回填材料具有合适的粒径配比，并在现场压实回填材料，保证回填土和现有土体的连续性。

(4)挡土墙后的排水系统应具备吸收瞬时运动和永久运动的能力，且不影响其结构功能。

(5)特别是在含水非黏性土情况下，应将水有效排至结构后面可能失效的表面下的坑中。

(6)应确保所支撑的土体在设计地震作用下对液化具有更高的安全冗余度。

7.2.2 JTG B02—2013

JTG B02—2013 第 7.1 条对挡土墙进行了一般规定：

(1)设计基本地震动峰值加速度大于或等于 0.20g 的地区不宜采用加筋土挡土墙。

(2)挡土墙范围内有发震断裂，且按本规范第 3.6.11 条判定，需考虑发震断裂的错动对挡土墙的影响时，应优先采取避开措施。

(3)高速公路和一级公路上的挡土墙距离主断裂边缘不宜小于 100m；无法满足时，应采取降低挡土墙高度、采用整体浇筑的重力式混凝土挡土墙、设置合理有效的伸缩缝和沉降缝等措施，并应设置完善的排水系统。

同时，JTG B02—2013 第 7.3 条对挡土墙抗震设计提出了抗震措施要求：

(1)设计基本地震动峰值加速度大于或等于 0.20g 时，干砌片(块)石挡土墙的高度不宜超过 5m；大于或等于 0.40g 时，不宜超过 3m。高速公路、一级公路不应使用干砌片石挡土墙。

(2)设计基本地震动峰值加速度大于或等于 0.10g 时，浆砌片(块)石挡土墙的最低砂浆强度等级应按现行《公路圬工桥涵设计规范》(JTG D61)的要求提高一级采用，挡土墙高度不宜大于表 7-1 的规定。当挡土墙高度大于表 7-1 所列数值时，宜采用混凝土整体浇筑或分级式挡土墙。

浆砌片(块)石挡土墙的高度限值 表 7-1

高度(m)		设计基本地震动峰值加速度	
		0.20g、0.30g	≥0.40g
公路等级	高速公路、一级公路	12	10
	二级公路、三级公路	14	12

7.3 分析方法

7.3.1 EN 1998-5

7.3.1.1 一般方法

EN 1998-5 第 7.3.1 条规定，任何基于结构和土动力学建立的、通过经验和观察得以证明的方法都可以用来评估挡土结构的安全性，并规定需要考虑以下四个方面的问题：

(1)土体与其挡土结构之间的相互动力作用的非线性特性。

(2)与土体质量、结构质量以及所有其他可能参与交互作用过程的重力荷载相关的惯性效应。

(3)由于墙后土体中存在的水和墙外侧水流的存在引起的流体水力影响。

(4)土体变形、墙和拉杆变形(若有)之间的相容性。

7.3.1.2 拟静力法

EN 1998-5 除规定了挡土结构验算的一般方法外，还提出了一种简化验算方法：拟静力法。

1)拟静力法基本模型

拟静力法基本模型应包括挡土结构及其基础，以及假设处于活动极限平衡状态的结构后面的土体楔块(若结构具有足够挠度)、作用于土体楔块的任何超载以及墙脚处假设处于被动平衡状态的土块(若可能)。

为了达到土体主动极限平衡状态，墙体应在设计地震作用下发生有效的移动，对于细长结构，可以通过弯曲实现这种运动；对于重力结构，可以通过滑动或旋转实现这种运动。

对于刚性结构(如建在岩石上或桩上的地下连续墙或重力式挡土墙)，会形成比主动土压力更大的力，因此，更有理由假设土体处于静止状态。对于挡土墙，如果不允许运动，也应这样假设。

2)拟静力法确定地震作用

对于拟静力法，地震作用采用水平和垂直力表示，这些力等于重力乘以相应的地震系数。

EN 1998-5 第 7.3.2.2(4)条规定，若无专门研究，水平地震系数 k_h 和垂直地震系数 k_v 可以用下式表示：

$$k_{\mathrm{h}} = \alpha \frac{S}{r} \tag{7-1}$$

$$a_{\mathrm{vg}}/a_{\mathrm{g}} > 0.6 \qquad k_{\mathrm{v}} = \pm 0.5 k_{\mathrm{h}} \tag{7-2}$$

$$a_{\mathrm{vg}}/a_{\mathrm{g}} \leqslant 0.6 \qquad k_{\mathrm{v}} = \pm 0.33 k_{\mathrm{h}} \tag{7-3}$$

式中，系数 r 取值见表 7-2(引自 EN 1998-5 表 7.1)，取决于挡土结构的类型。对于不高于 10m 的墙体，地震系数应取与高度一致的系数。

计算水平地震系数的系数值 r 表 7-2

挡土结构类型	r
最大可承受位移为 $d_r = 300\alpha \cdot S$(mm)的自由重力墙	2
最大可承受位移为 $d_r = 200\alpha \cdot S$(mm)的自由重力墙	1.5
受弯钢筋混凝土挡土墙、带有锚杆或支撑件的挡土墙、建在垂直桩上的钢筋混凝土挡土墙、受约束的底部墙体或桥台	1

如存在容易形成高孔隙水压力的饱和非黏性土，则表 7-2 中的 r 值不应大于 1.0，抗液化安全性系数不应小于 2。

对于非重力式挡土墙,可忽略挡土结构的竖向加速度效应。

对于高度超过 10m 的挡土结构,可以进行竖向地震波的自由场一维传播分析,并可以通过采用沿结构高度取峰值水平土体加速的平均值获得在本章的式(7-1)中使用的更精确的 α 值。

从地面开始、作用在挡土墙结构的总设计力 E_d 表示为:

$$E_d = \frac{1}{2}\gamma^*(1 \pm k_v)K \cdot H^2 + E_{ws} + E_{wd} \tag{7-4}$$

式中:H——墙体高度;

E_{ws}——静水压力;

E_{wd}——动水压力;

γ^*——土重度;

K——土压力系数(静态+动态);

k_v——竖向地震系数。

根据 Mononobe-Okabe 法,主动土压力系数可以表示为:

(1)$\beta \leqslant \phi'_d - \theta$ 时:

$$K = \frac{\sin^2(\psi + \phi'_d - \theta)}{\cos\theta\sin^2\psi\sin(\psi - \theta - \delta_d)\left[1 + \sqrt{\frac{\sin(\theta'_d + \delta_d)\sin(\phi'_d - \beta - \theta)}{\sin(\psi - \theta - \delta_d)\sin(\psi + \beta)}}\right]^2} \tag{7-5}$$

(2)$\beta > \phi'_d - \theta$ 时:

$$K = \frac{\sin^2(\psi + \phi - \theta)}{\cos\theta\sin^2\psi\sin(\psi - \theta - \delta_d)} \tag{7-6}$$

被动土压力系数可以表示为:

$$K = \frac{\sin^2(\psi + \phi'_d - \theta)}{\cos\theta\sin^2\psi\sin(\psi + \theta)\left[1 - \sqrt{\frac{\sin\phi'_d\sin(\phi'_d + \beta - \theta)}{\sin(\psi + \theta)\sin(\psi + \beta)}}\right]^2} \tag{7-7}$$

上述式中:ϕ'_d——土体剪切承载力角的设计值,即 $\phi'_d = \tan^{-1}\left(\frac{\tan\phi'}{\gamma_{\phi'}}\right)$;

ψ、β——墙体背部和回填表面相对于水平面的倾角,如图 7-1 所示;

δ_d——土体和墙体之间的摩擦角的设计值,$\delta'_d = \tan^{-1}\left(\frac{\tan\delta}{\gamma_{\phi'}}\right)$;

θ——由式(7-9)确定。

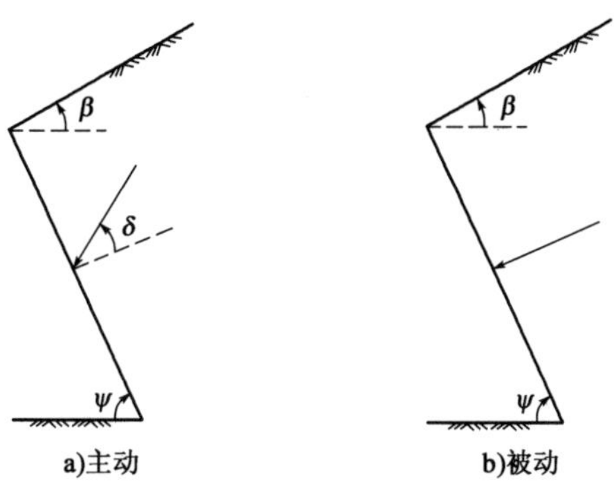

图 7-1 计算土压力系数公式中的惯用角度表示法

动土压力的作用点为墙的中点,动水压力的作用点为基底以上 0.4H 处。

对于水位线在挡土墙以下的情况:

$$\gamma^* = \gamma \tag{7-8}$$

$$\tan\theta = \frac{k_h}{1 \mp k_v} \tag{7-9}$$

$$E_{wd} = 0 \tag{7-10}$$

式中：k_h——水平地震系数。

对于水位线以下的非渗透性土：

$$\gamma^* = \gamma - \gamma_w \tag{7-11}$$

$$\tan\theta = \frac{\gamma}{\gamma - \gamma_w} \cdot \frac{k_h}{1 \mp k_v} \tag{7-12}$$

$$E_{wd} = 0 \tag{7-13}$$

式中：γ——土的饱和重度；

γ_w——水的重度。

对于水位线以下的渗透性土：

$$\gamma^* = \gamma - \gamma_w \tag{7-14}$$

$$\tan\theta = \frac{\gamma_d}{\gamma - \gamma_w} \cdot \frac{k_h}{1 \mp k_v} \tag{7-15}$$

$$E_{wd} = \frac{7}{12} k_h \cdot \gamma_w \cdot H'^2 \tag{7-16}$$

式中：γ_d——土的饱和重度；

H'——距墙体底部的水位高度。

当挡土墙一侧有水时，临水侧的动水压力为：

$$q(z) = \pm \frac{7}{8} k_h \cdot \gamma_w \cdot \sqrt{h \cdot z} \tag{7-17}$$

式中：k_h——$r = 1$ 时的水平地震系数；

h——自由水的高度；

z——原点在水表面的向下的竖向纵坐标。

土压力作用刚性结构上的力为：

$$\Delta P_d = \alpha \cdot S \cdot \gamma \cdot H^2 \tag{7-18}$$

式中：H——墙体高度，力的作用点可位于一半高度位置。

7.3.2 JTG B02—2013

7.3.2.1 一般规定

根据 JTG B02—2013 第 7.2.2 条规定，公路挡土墙可采用静力法验算挡土墙体抗震强度和稳定性。设计基本地震动峰值加速度大于或等于 0.10g 地区的高速公路、一级公路上的挡土墙，高度超过 20m，且地基处于抗震危险地段的，应做专门研究。

7.3.2.2 拟静力法

按静力法验算时，挡土墙第 i 截面以上墙身重心处的水平地震作用可按式(7-19)、式(7-20)计算：

$$E_{ih} = \frac{C_i C_z A_h \psi_i G_i}{g} \tag{7-19}$$

式中：E_{ih}——第 i 截面以上墙身重心处的水平地震作用(kN)；

C_i——抗震重要性修正系数，应按表 7-3 采用；

C_z——综合影响系数，重力式挡土墙取 0.25，轻型挡土墙取 0.3；

A_h——水平向设计基本地震动峰值加速度；

G_i——第 i 截面以上墙身圬工的重力(kN)；

ψ_i——水平地震作用沿墙高的分布系数,按式(7-20)计算取值。

桥梁外公路工程构筑物抗震重要性修正系数 C_i 表 7-3

公路等级	构筑物重要程度	抗震重要性修正系数 C_i
高速公路、一级公路	抗震重点工程	1.7
	一般工程	1.3
二级公路	抗震重点工程	1.3
	一般工程	1.0
三级公路	抗震重点工程	1.0
	一般工程	0.8
四级公路	抗震重点工程	0.8

$$\psi_i=\begin{cases}\dfrac{1}{3}\dfrac{h_i}{H}+1.0 & (0\leqslant h_i\leqslant 0.6H)\\[2ex] \dfrac{2}{3}\dfrac{h_i}{H}+0.3 & (0.6H\leqslant h_i\leqslant H)\end{cases}\tag{7-20}$$

式中:h_i——挡土墙墙趾至第 i 截面的高度。

(1)位于斜坡上的挡土墙,作用于其重心处的水平向总地震作用可按式(7-21)、式(7-22)计算。

岩基:

$$E_{\mathrm{h}}=\frac{0.30C_iA_{\mathrm{h}}W}{g}\tag{7-21}$$

土基:

$$E_{\mathrm{h}}=\frac{0.35C_iA_{\mathrm{h}}W}{g}\tag{7-22}$$

式中:E_{h}——作用于挡土墙重心处的水平向总地震作用(kN)；

W——挡土墙的总重力(kN)。

(2)路肩挡土墙的地震主动土压力可按式(7-23)、式(7-24)计算,其他挡土墙地震主动土压力可按附录 A 规定计算。

$$E_{\mathrm{ea}}=\frac{1}{2}\gamma H^2K_{\mathrm{a}}(1+0.75C_iK_{\mathrm{h}}\tan\varphi)\tag{7-23}$$

式中:E_{ea}——地震时作用于挡土墙背每延米长度上的主动土压力(kN/m),其作用点为距挡土墙底 $0.4H$ 处;

γ——土的重度(kN/m^3)；

H——挡土墙高度(m)；

K_{a}——非地震作用下作用于挡土墙背的主动土压力系数,可按式(7-24)计算。

$$K_{\mathrm{a}}=\frac{\cos^2\varphi}{(1+\sin\varphi)^2}\tag{7-24}$$

式中:φ——挡土墙背土的内摩擦角(°)。

(3)挡土墙墙身的截面偏心距 e 应符合式(7-25)的规定。基础底面的合力偏心距 e 应符合表 7-4 的规定。

$$e \leqslant 2.4\rho \tag{7-25}$$

式中：ρ——截面核心半径(m)。

基础底面的合力偏心距 e 表 7-4

地 基 土	e
岩石，密实的碎石土，密实的砾，粗、中砂，老黏性土 $f_a \geqslant 300$kPa 的黏性土和粉土	$e \leqslant 2.0\rho$
中密的碎石土，中密的砾，粗、中砂，150kPa $\leqslant f_a <$ 300kPa 的黏性土和粉土	$e \leqslant 1.5\rho$
密、中密的细砂、粉砂，100kPa $\leqslant f_a <$ 150kPa 的黏性土和粉土	$e \leqslant 1.2\rho$
新近沉积的黏性土，软土，松散的砂，填土，$f_a <$ 100kPa 的黏性土和粉土	$e \leqslant 1.0\rho$

7.3.3 实例 7-1：中欧标准拟静力法挡土结构抗震分析结果对比

1)问题描述

本实例主要说明如何用拟静力法对没有任何锚杆或支撑的钢筋混凝土桩墙组成的支挡结构进行地震效应分析，墙体的主要功能是支挡附近的铁路，附近没有建筑。

墙体基本数据：桩径 $D = 1$m，桩间距 $I = 1.5$m，要求墙体地面以上高度 $h = 5$m，混凝土弹性模量 $E_c = 28$GPa，混凝土泊松比 $\mu_c = 0.15$。

土体基本数据：单位重量 $\gamma = 20$kN/m^3；内摩擦角 $\varphi'_k = 32°$；回填土坡面角 $\beta = 5.7°(10\%)$；土体杨氏模量 $E_s = 25$MPa；土体泊松比 $\mu_s = 0.25$；土体弹性模量的取值应与结构变形相协调，可取小变形模量 E_0 的 1/5 ~ 1/6(其中小变形的应变约为 10^{-6})。

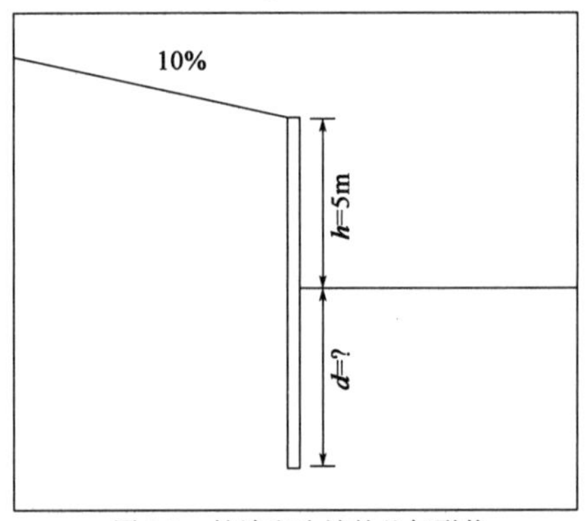

图 7-2 桩墙和边坡的几何形状

设计地震作用：A 类场地，加速度 $a_{gR} = 0.15g$(来源于国家地震区划图)；土体系数 $S = 1.25$；重要性系数 $\gamma_1 = 1.0$；设计加速度 $a = 0.15g \times 1.25 = 0.19g$，考虑地震作用的替代选择，设计加速度 $a = 0.10g$。

桩墙和边坡的几何形状如图 7-2 所示。

2)计算过程与结果

(1)EN 1998-5。

①埋置深度的确定。

本例设计方法采用 EN 1997-1 第 2.4.7.3.4 条推荐的 DA-1，设计由组合 2(CA-2)控制。因此，桩墙的力学性能用土体折减抗剪强度进行分析。

$$\tan\phi'_d = \frac{\tan\phi'_k}{1.25} \Rightarrow \phi'_d = \tan^{-1}\left(\frac{\tan\phi'_k}{1.25}\right) = 26.6°$$

对于静力设计，土与墙体间的摩擦角取：

$$\delta_d = \tan^{-1}\left(\frac{\tan\delta_k}{1.25}\right) = 17.1°$$

埋置深度 d 由土与结构相互作用分析确定，如前提及，墙体用弹性梁模拟，土体用一系列水平弹-塑性弹簧模拟。常用于完成计算任务的计算程序要求，作为输入数据，不论处于主动或被动状况，墙背土体(“向上”)或墙前土体(“向下”)都要求输入土压力系数的水平分量。现有成熟的方法将土压力系数确定为 φ_d、δ_d 和 β 的函数。对此，EN 1997-1 附录 C 提供图形可供查用。

主动(K_A)和被动(K_P)土压力系数，均指与墙体法向成 δ_d 角方向的作用力。

a. 挡土的主动土压力系数：$K_A^{up} = 0.367$。

b. 挡土的被动土压力系数：$K_p^{up} = 6.047$。

c. 墙前主动土压力系数：$K_{A}^{down}=0.339$。

d. 墙前被动土压力系数：$K_{p}^{down}=4.602$。

水平分量对应的值为：

a. $K_{AH}^{up}=K_{A}^{up}\cos\delta_{d}=0.35$。

b. $K_{PH}^{up}=K_{P}^{up}\cos\delta_{d}=5.76$。

c. $K_{AH}^{down}=K_{A}^{down}\cos\delta_{d}=0.323$。

d. $K_{PH}^{down}=K_{P}^{down}\cos\delta_{d}=4.383$。

描述土体非线性性能的弹-塑性弹簧刚度通常由基于前述系数和土体弹性参数的程序计算确定。

为使用前述土压力参数将墙体埋置深度参数化，进行多次相互作用分析。计算代表性点的水平位移 U，如墙顶，并绘制埋置深度 d 与位移之间的关系曲线，如图 7-3 所示。曲线上显示边坡中位移激增的点用于确定墙体埋置深度。此例中，选择 $d=7\text{m}$，墙体总高度定为$H=12\text{m}$。

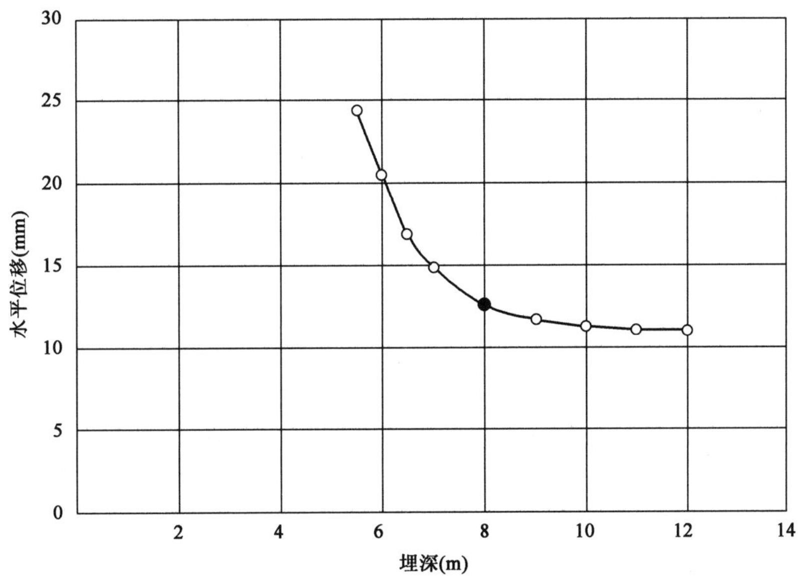

图 7-3 桩顶水平位移 U 与埋置深度 d 的关系曲线（图中实体黑点表示设计埋深）

②使用拟静力法分析地震作用。

在地震作用分析中，首先计算场地和相关结构的地震系数。

第一步选择设计地震作用（$a_{g}=0.19g$），在没有地形放大（$S_{T}=1.0$）的条件下，水平地震系数为（参见 EN 1998-5 第 7.1 条）：

$$k_{h}=S\frac{a_{gR}}{g}\frac{1}{r}=1.25\times\frac{0.15}{2}=0.0938$$

式中，$r=2$，是相对结构延性的设计场地加速度比的折减系数。垂直地震系数：当竖向设计加速度/水平设计加速度 >0.6 时，$k_{v}=\pm0.5k_{h}=\pm0.0469$（参见 EN 1998-5 第 7.2 条）。

第二步选择设计地震作用（$a_{g}=0.10g$），水平和垂直地震系数分别为 $k_{v}=0.10/2=0.05$ 和 $k_{v}=\pm0.025$。

③回填土引起的土压力和地震作用的计算。

对于主动状态［EN 1998-5 式（E.2）］，总体（静态加动态）土压力系数用 Mononobe-Okabe 法进行计算：

$K_{A}^{up}(\phi_{k}',\delta_{k},\beta,\mathrm{k}_{v})=0.455$

水平分量为：

$K_{AH}^{up}=K_{A}^{up}\cos\delta_{k}=0.434$ （主动状态，地震条件）

下滑侧的总体(静态加动态)作用力,由 EN 1998-5 式(E.1)计算,方向与水平方向成δ_k角。在没有地下水的特殊情况下,总体水平力为:

$$E_{DH}=\frac{1}{2}\gamma(1\pm k_v)K_{AH}H^2 \tag{7-26}$$

式中,H 为墙高。当 k_v 取正值时,总体水平力最大值为:

$E_{DH}=0.5\times20\times(1+0.0469)\times0.434\times13^2=768(\text{kN})$

为独立获取地震力 E_H 的水平分量,必须从总体水平分量中减去静态水平分量 E_{SH}($E_H=E_{DH}-E_{SH}$):

$K_{AH}^{up}(\phi_k',\delta_k,\beta)=0.269, K_{pH}^{up}(\phi_k',\delta_k,\beta)=7.12$

假设地震力作用于墙高的中点,E_H 作为水平荷载均匀作用于结构,则:

$p=E_H/H=124/13=10.8(\text{kPa})$

需强调的是,地震作用分析中,使用静止土压力系数模拟回填土,以计算剪切强度特征值,即 $K_{AH}^{up}(\phi_k',\delta_k,\beta)=0.269$ 和 $K_{PH}^{up}(\phi_k',\delta_k,\beta)=7.12$,另外,假设等效静止地震荷载均匀分布于墙面($p=E_H/H=124/13=10.8\text{kPa}$)。

④墙前土体的被动土压力和地震力计算。

当$\beta=0$时,水平静止土压力系数,由强度参数的特征计算,为:

a. 主动状态,静止条件:$K_{AH}^{down}(\phi_k',\delta_k)=0.274$。

b. 被动状态,静止条件:$K_{PH}^{down}(\phi_k',\delta_k)=5.81$。

极限平衡状态下静止被动水平力为:

$$E_{SH}=\frac{1}{2}\gamma K_{PH}^{down}d^2 \tag{7-27}$$

当地震作用时,被动状态的土压力系数由 Mononobe-Okabe 公式给出[EN 1998-5 式(E.4)]:$K_P^{down}(\phi_d',k_h,k_v)=2.46$。EN 1998-5 式(E.4)是在假设地震作用下,对于被动状态,土与墙体间没有剪切抗力,即 $\delta=0$ 条件下推导出来的。因此,用这一公式计算的系数已经是一水平力,没有必要再进行水平分量的计算,即 $K_{PH}^{down}=K_P^{down}$。

作用于墙前的总(静止加动态)水平力为:

$$E_{DH}=\frac{1}{2}\gamma(1\pm k_v)K_{PH}^{down}d^2 \tag{7-28}$$

需注意的是,在 Mononobe-Okabe 法中,支撑土体的地震作用效应被视为抗力的折减,而不是附加荷载。这一折减在分配给墙前土体压力的模型中被引入,因此,被动土压力系数为:

$K_{PE}^{down}=(1-k_v)K_{PH}^{down}=(1-0.0469)\times2.46=2.34$

上式适用于静止条件。值得注意的是,代换系数 K_{PE}^{down}包含了垂直加速度的影响造成的水平应力的折减效应。

同样的过程适用于设计地震作用($a_g=0.1g$)的第二种选择,此时,“地震”荷载集度 $p=0.523\text{kPa}$。

⑤结果。

a. 设计加速度的第一种选择(第一种情形,$a_g=0.19g$)。

通过使用与静止状态同样的工具,静止和地震作用下,计算桩中弯矩。如图 7-4 所示,标有“地震 1”。最大值:

a)静止:$M_{max}=221\text{kN}\cdot\text{m/m}$。

b)地震作用 1:$M_{max}=664\text{kN}\cdot\text{m/m}$。

对于强度$f_{ck}=35\text{N/mm}^2$的混凝土,用于墙体中的单根直径为 1m 的桩允许弯矩为 1080kN·m;对于桩距为 1.5m 的桩墙,等效值为 720kN·m。“地震 1”情形下的水平位移如图 7-4b)所示。墙顶位移值为:

a)静止情形：$U_{max}=13mm$。

b)地震作用下：$U_{max}=109mm$(总值，包括静态位移)。

纯96mm的"地震"位移是相当大的，但在考虑结构正常使用状态要求时是可以接受的。

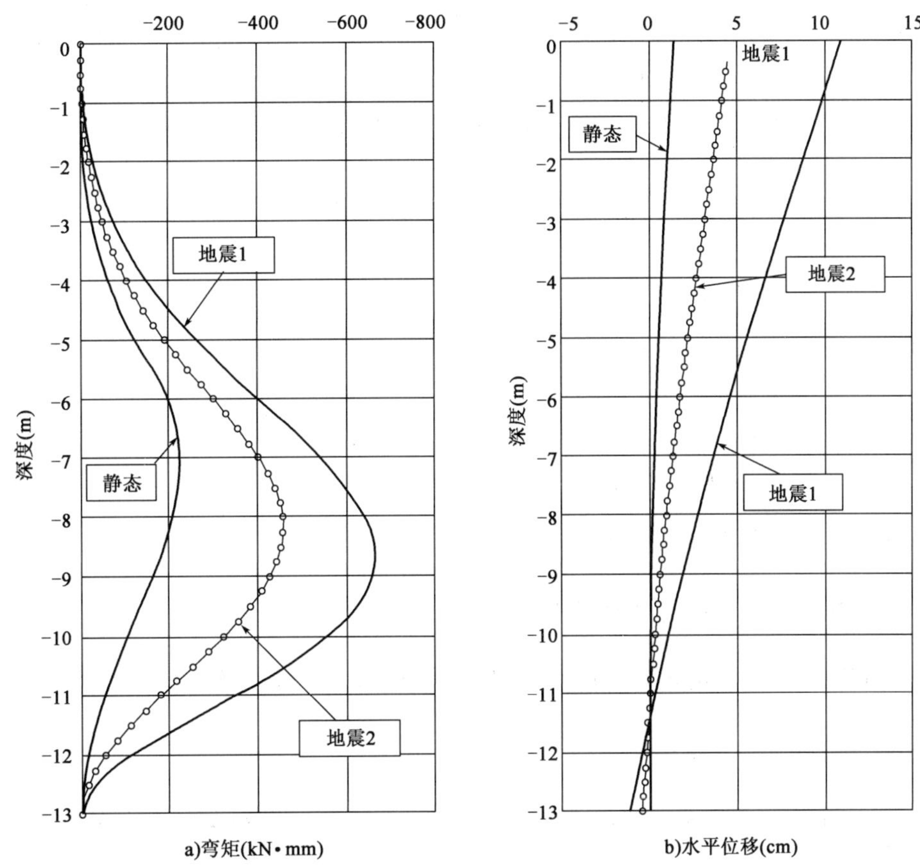

图7-4 静止和地震条件下桩墙中弯矩和水平位移

注："地震1"对应设计地震作用($a_g=0.19g$)，"地震2"对应设计地震作用($a_g=0.10g$)。

b.设计加速度的第二种选择(第一种情形，$a_g=0.1g$)。

这种情形的结果：

"地震2"情形：最大弯矩 $M_{max}=456kN·m/m$，最大位移 $U_{max}=46mm$。

相对于第一种情形，弯矩减少33%，最大位移减少近60%。

(2)JTG B02—2013。

①确定挡土结构最小埋置深度 l_d，计算示意图如图7-5所示。

根据《建筑基坑支护技术规程》(JGJ 120—2012)第4.2.1条，挡土结构的嵌固深度 l_d 应符合式(7-29)嵌固稳定性的要求。

$$\frac{E_{pk}\cdot a_{pl}}{E_{ak}\cdot a_{al}}\geqslant k_e，且满足\ l_d\geqslant 0.8h \tag{7-29}$$

式中：E_{ak}、E_{pk}——挡土结构外侧主动土压力和内侧被动土压力标准值(kN)；

a_{al}、a_{pl}——挡土结构外侧主动土压力、内侧被动土压力合力作用点至挡土结构底端的距离(m)；

k_e——嵌固稳定安全系数，对于本例取1.25。

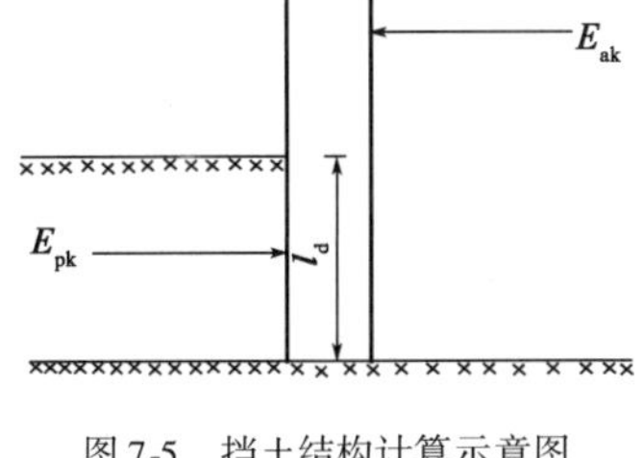

图7-5 挡土结构计算示意图

②计算考虑地震作用的挡土结构内外侧土压力。

根据JTG B02—2013第7.2.5条，挡土结构内外侧土压力按式(7-30)计算：

$$\left.\begin{array}{ll}\text{主动土压力} & E_{ak}=\frac{1}{2}\gamma H^2 K_a(1+0.75C_iK_h\tan\varphi)\\ \text{被动土压力} & E_{pk}=\frac{1}{2}\gamma H^2 K_p(1+0.75C_iK_h\tan\varphi)\end{array}\right\}\qquad(7\text{-}30)$$

式中：E_{ak}、E_{pk}——挡土结构内、外侧，每延米长度上的主、被动土压力（kN/m），其作用点为距挡土墙底 0.4H 处；

K_a、K_p——非地震作用下作用于挡土墙背的主、被动土压力系数，按下式计算：

$$K_a=\tan^2\left(45-\frac{\varphi}{2}\right)=\tan^2(45-16)^\circ=0.307$$

$$K_p=\tan^2\left(45+\frac{\varphi}{2}\right)=\tan^2(45+16)^\circ=3.255$$

φ——挡土墙两侧土的内摩擦角（°）；

γ——土的重度（kN/m³）；

H——挡土墙高度；

C_i——抗震重要性修正系数，对于本案例 $C_i=1.7$；

$K_h=\frac{A_h}{g}=\frac{0.15g}{g}=0.15$，考虑土体系数和重要性系数后，$k_h=0.19$。

则根据已知数据，挡土结构内侧土压力：

$$E_{pk}=\frac{1}{2}\gamma H^2K_a(1+0.75C_iK_h\tan\varphi)=\frac{1}{2}\times20\times l_d^2\times3.255\times(1+0.75\times1.7\times0.15\times\tan32^\circ)$$

$$=36.44l_d^2(a_g=0.15g)$$

$$E_{pk}=\frac{1}{2}\times20\times l_d^2\times3.255\times(1+0.75\times1.7\times0.19\times\tan32^\circ)=37.48l_d^2(a_g=0.19g)$$

挡土墙外侧土压力：

$$E_{ak}=\frac{1}{2}\gamma H^2K_a(1+0.75C_iK_h\tan\varphi)=\frac{1}{2}\times20\times(l_d+5)^2\times K_a\times(1+0.75C_iK_h\tan\varphi)$$

$$=3.436(l_d+5)^2(a_g=0.15g)E_{ak}=3.53(l_d+5)^2(a_g=0.19g)$$

将上述计算结果代入式（7-29），当 $a_g=0.15g$ 时，$\frac{36.44l_d^2\times0.4\times l_d}{3.436\times(l_d+5)^2\times0.4(l_d+5)}=10.6\left(\frac{l_d}{l_d+5}\right)^3\geqslant1.25$，得 $l_d\geqslant4.8$m。

当 $a_g=0.19g$ 时，$\frac{37.48}{3.53}\left(\frac{l_d}{l_d+5}\right)^3\geqslant1.25$，得 $l_d\geqslant4.8$m。

取挡土结构埋深为 4.8m。

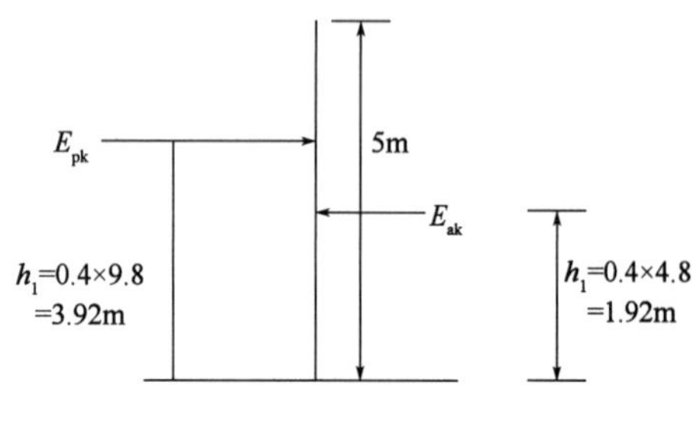

图 7-6　挡土结构力学计算模型

③挡土结构最大弯矩 M_{max}。

根据①的计算结果，本实例挡土结构力学计算模型如图 7-6 所示。

$$M_{max}=E_{pk}\times1.92-E_{ak}\times3.92$$

当 $a_g=0.15g$ 时，$M_{max}=36.44\times4.8^2\times1.92-3.436\times9.8^2\times3.92=318$（kN·m）；

当 $a_g=0.19g$ 时，$M_{max}=329$（kN·m）。

通过对比中欧标准计算结果，按中国标准计算出的最小埋置深度和挡土结构最大弯矩均小于按欧洲标准计算出的结果，可见，欧洲标准计算结果更严格。

7.4 稳定性与强度验算

7.4.1 EN 1998-5

EN 1998-5 第 7.4.1 条规定挡土结构要验算地基土的整体稳定性和局部土破坏，验算基础抵抗滑动破坏和剪切破坏的极限能力，并在第 7.4.2 条规定了锚固件的强度和长度要求，其中锚固件和墙体之间的长度 L_e 为：

$$L_e = L_s(1 + 1.5\alpha \cdot S) \tag{7-31}$$

式中：L_s——非地震所要求的锚固件和墙体之间的长度。

7.4.2 JTG B02—2013

JTG B02—2013 第 7.2.1 条规定，挡土墙应按表 7-5 规定的范围和要求验算其抗震强度和稳定性，且挡土墙的抗震稳定性验算还应按现行《公路桥涵地基与基础设计规范》(JTG D63)进行，其抗滑动稳定系数 K_c 不应小于 1.1，抗倾覆稳定系数 K_0 不应小于 1.2。

挡土墙抗震强度和稳定性验算范围 表 7-5

地基类型		设计基本地震动峰值加速度				
		高速公路、一级公路、二级公路			三级公路、四级公路	
		0.10g(0.15g)	0.20g(0.30g)	0.40g	<0.40g	0.40g
岩石、非液化土及非软土地基	非浸水	不验算	H>验算	验算	不验算	验算
	浸水	不验算	验算	验算	不验算	验算
液化土及软土地基		验算	验算	验算	不验算	验算

注：H 为挡土墙墙趾至墙顶的高度(m)。

7.5 基于位移的挡土结构抗震设计方法

7.5.1 EN 1998-5

基于位移的挡土墙抗震设计现在已被许多国家采用，但 EN 1998-5 没有这方面的具体内容，只是建议用水平位移来评估挡土墙在地震期间的抗震性能。

7.5.2 JTG B02—2013

JTG B02—2013 也没有这方面的规定。

由于此方法的普遍性和适用性，多个国家标准规定了这方面的内容。日本铁路规范(1999)建议用垂直差异沉降来评估挡土墙在地震期间的抗震性能。而新西兰桥梁手册(2004 年 9 月)中第五部分(抗震设计)是这样规定的：挡墙结构在抗震设计时，或者保持弹性状态，或者在强震时向外位移不超过极限控制位移，而且在设计时应确保挡土墙发生位移时不引起相邻结构或设施发生破坏。地震时最大允许位移见表 7-6。

地震时最大允许位移　　表 7-6

挡土墙位置	挡土墙类型	最大允许位移(mm)
桥台挡土墙	所有类型	0
路堑挡土墙	所有类型	0
路堤或路肩挡土墙(车流量 >2500 辆/天)	刚性挡土墙	100
	柔性挡土墙	150
路堤或路肩挡土墙(车流量 <2500 辆/天)	刚性挡土墙	100
	柔性挡土墙	200

另外,日本判断港口挡土结构设施可否使用的标准见表 7-7,其也是基于位移和变形来评估挡土墙设施的抗震性能的。

紧急或暂时情况下使用的判别标准　　表 7-7

变形程度	与法线的偏差量(相对变位)(m)	顶端最大的下沉量(m)	最大倾斜角	可否在紧急情况下暂时使用
①	0	0	0	可使用,没有发生特别的损害
②	<0.33	<0.33	<3°	大体上可以
③	0.3 ~ 1	0.3 ~ 0.7	3° ~ 5°	大体上可以,但要进行使用限制的讨论
④	1 ~ 2	0.7 ~ 1.5	5° ~ 8°	限制严格,无替代设施时大体上可以
⑤	2 ~ 3	1.5 ~ 2	8° ~ 10°	原则上不能使用
⑥	>3	>2	>10°	不能使用

7.6　本章小结

本章主要对 EN 1998-5 和 JTG B02—2013 中挡土结构的相关规定进行了分析和比较,主要包括一般要求、选择和一般设计考虑、分析方法以及稳定性与强度验算等。JTG B02—2013 在挡土结构的稳定性验算中,没有考虑土的黏聚性,而 EN 1998-5 则予以考虑,相对较为准确和合理。

无论是 EN 1998-5 还是 JTG B02—2013,都没有基于位移的方法对挡土结构进行抗震设计的内容。基于位移的方法对挡土墙进行抗震设计是今后的发展方向,这种方法将使得设计的挡土结构具有一致的可靠性,同时也可以避免目前抗震设计中的重复验算而增加的设计计算量。因此,本章对该方法进行了讨论,从而为中国挡土结构的抗震设计标准修改与完善工作提供一定的借鉴。

第 8 章
总结

20 世纪 60 年代以来,特别是 21 世纪以来,世界范围内的破坏性地震发生得越来越频繁。2008 年的中国汶川 8.0 级地震和 2011 年的日本东京东北太平洋海域 8.8 级大地震都造成了数以千亿计的巨大经济财产损失和数万计的人员死亡。如何尽量减少地震后的损失,如何更高效又经济地提高建筑的抗震性能,是世界各国专家长期研究的热门课题。

基础是建筑之本,各类支挡结构在建筑的使用中具有十分重要的作用。基础和支挡结构与土关系十分密切,而地震发生后对土的各种作用又最直接。因此,探讨和研究地震对各类基础与支挡结构的作用分析,对于工程师更好地进行此类结构的设计大有裨益。

世界很多国家的建筑类标准均对基础的抗震设计有相关规定,本书正是着眼于这一点,重点将 BS EN 1998-5:2004 与现行的中国各类抗震标准进行了详细的对比分析。从标准适用范围、地震作用的定义、场地特性、工程选址及地基土要求、基础系统抗震设计、土与结构的相互作用和挡土结构的抗震设计多个方面进行了全面的探讨。为广大的基础工程设计人员厘清了基础的抗震设计要点和要求。

同时,我们发现,欧洲标准在多个方面均比中国标准更具体和详尽,部分理念和方法更先进。这也将为中国从事建筑、桥梁工程、支挡结构抗震的设计和研究人员提供一些有意义的参考与借鉴。另外,结构抗震理论的研究每年都在进步,特别是日本等国在结构抗震研究方面更有经验,很多新兴的概念和方法已在日本得以运用。因此我们希望,广大读者阅读本书之时,在了解和掌握中欧标准对于基础抗震的优劣并加以取长补短综合运用的同时,多关注日本、美国和新西兰等国家关于这方面的一些最新理论和方法。

参考文献

[1] BS EN 1990. Eurocode: Basis of structural design [S]. London: British Standards Institution: 2002.

[2] Eurocode2:Design of Concrete Structures Part 1-1:General Rules and Rules for Buildings[S]. London:British Standards Institution:2004.

[3] EN 1998-5: CEN(European Committee for Standardization):Design of structures for earthquake resistance—Part 5: Foundations,retaining structures and geotechnical aspects, 2004.

[4] T. H. Blackstock. Changes in the extent and fragmentation of heathland and other semi-natural habitats between 1920-1922 and 1987-1988 in the llŷn Peninsula, Wales, UK[J]. Biological Conservation, 1995,72(1).

[5] S. P. Woodhouse,J. E. G. Good,A. A. Lovett,R. J. Fuller,P. M. Dolman. Effects of land-use and agricultural management on birds of marginal farmland: a case study in the Llŷn peninsula, Wales[J]. Agriculture, Ecosystems and Environment,2004,107(4).

[6] H. Gulvanessian,J. -A. Calgaro,M holicky. Designers' Guide to EN 1990 Eurocode:Basis of structure design[M]. Thomas Telford Publishing,Thomas Telford Ltd, 1 Heron Quay,London E14 4JD,2005.

[7] Hadi Dashti,Seyed Amirodin Sadrnejad,Navid Ganjian. A novel semi-micro multilaminate elasto-plastic model for the liquefaction of sand [J]. Soil Dynamics and Earthquake Engineering,2019,124.

[8] 中华人民共和国住房和城乡建设部. 建筑地基基础设计规范:GB 50007—2011[S]. 北京:中国计划出版社,2011.

[9] 中国建筑科学研究院. 建筑抗震设计规范:GB 50011— 2010[S]. 北京:中国建筑工业出版社,2010.

[10] 中华人民共和国交通运输部. 公路桥梁抗震设计细则:JTG/T B02-01—2008[S]. 北京:人民交通出版社,2008.

[11] 中华人民共和国交通运输部. 公路工程抗震规范:JTG B02—2013[S]. 北京:人民交通出版社,2013.

[12] 武上坡. 地震作用下边坡地基-基础-上部结构的共同作用分析[D]. 天津:河北工业大学,2015.

[13] 李宇. 考虑残余位移和土-结构相互作用的桥梁结构基于性能的抗震设计及评估[D]. 北京:北京交通大学,2010.

[14] 李雨润,陈华斌,强东峰,等. 地震作用下不同厚度饱和砂土中直群桩结构动力响应试验研究[J]. 地震工程学报,2019,41(4):834-839,852.

[15] 张塬,李平,辜俊儒,等. 砂土液化判别方法研究的若干进展[J]. 防灾科技学院学报,2019,21(1):9-15.

[16] 朱贵兵. 地震液化机理、判别及其危害性评价[J]. 工程技术研究,2019,4(2):233-234.

[17] 王晓伟,Guillermo Blanco 叶爱君,等. 砂土中桥梁高桩承台基础的抗震延性能力参数分析[J]. 土木工程学报,2018,51(5):112-121.

[18] 贾鹏,王兰民,万征,等. 某桥梁桩基础的抗震计算研究[J]. 地震工程学报,2018,40(2):258-264.

[19] 吴楷. 桥梁基础抗震简化模拟方法适用性研究[D]. 广州:广州大学,2016.

[20] 刘培玲. 考虑土桩相互作用的高铁桥梁抗震性能分析[D]. 北京:北京交通大学,2015.
[21] 王志. 强震下深水桥梁群桩基础的动力响应及非线性损伤特性研究[D]. 北京:北京交通大学,2015.
[22] 张永亮,宁贵霞,陈兴冲. 高速铁路重力式桥墩桩基础的抗震设计及研究进展[J]. 岩石力学与工程学报,2015,34(S1):3518-3524.
[23] 王义. 考虑土-结构相互作用的能力谱法在桥梁抗震性能评估中的应用[D]. 兰州:兰州交通大学,2014.
[24] 赵文华,张彬,麻艳娇. 土-基础结构相互作用下的桥墩结构抗震响应[J]. 辽宁工程技术大学学报(自然科学版),2013,32(9):1260-1264.
[25] 范皓宇. 重力式挡土墙抗震设计方法验算[A]//北京力学会. 北京力学会第二十四届学术年会会议论文集. 北京力学会,2018:2.
[26] 杨长卫,张建经,陈强,等. 加筋重力式挡土墙抗震设计方法研究[J]. 土木工程学报,2015,48(8):77-85.
[27] 薛青. 高速公路挡土墙抗震设计探讨[J]. 交通建设与管理,2014(24):75-77.
[28] 张振. 公路边坡抗震支挡防护计算方法研究[D]. 西安:长安大学,2014.
[29] 杨家勇. 公路挡土墙抗震设计对比计算分析[J]. 昆明冶金高等专科学校学报,2013,29(1):50-53.
[30] 秦伟. 挡土墙在地震作用下的动力响应特性研究[D]. 成都:西南交通大学,2011.
[31] 韩鹏飞. 重力式挡墙大型振动台模型试验与基于性能的抗震设计方法研究[D]. 成都:西南交通大学,2011.
[32] 何丽平. 地震区高陡边坡组合支挡结构抗震设计方法研究[D]. 长沙:中南大学,2012.